SHAPIRO

DAS GEHEIMNIS DES PEKINGMENSCHEN

HARRY L. SHAPIRO

# Das Geheimnis des Pekingmenschen

UMSCHAU VERLAG · FRANKFURT AM MAIN

Die Originalausgabe erschien unter dem Titel „PEKING MAN“
im Verlag Simon and Schuster, New York.

Aus dem Amerikanischen von Hansheinz Werner



Gesamtherstellung: Brönners Druckerei Breidenstein KG, Frankfurt am Main
ISBN 3-524-00687-6 · Printed in Germany

# Vorwort

Mein Freund Michael Korda ist dafür verantwortlich, daß ich dieses Buch geschrieben habe. Sein Drängen hat mich dazu gebracht, mich – wenn auch mit einem gewissen Zögern – dieser Aufgabe zu unterziehen. Heute bin ich ihm jedoch zu tiefem Dank verpflichtet, denn die Arbeit an der Geschichte des Pekingmenschen hat mich mit einer nicht erwarteten Befriedigung erfüllt.

Mein ursprüngliches Zögern entsprang der Tatsache, daß ich für das Geheimnis, auf welche Weise die fossilen Überreste des Pekingmenschen verschwunden sind, keine neue Lösung, ja nicht einmal einen enttäuschenden Ausgang anzubieten hatte. Dreißig Jahre waren seit ihrem Verschwinden vergangen. Dann machten sie wiederum Schlagzeilen, und als Ergebnis bahnte sich noch einmal eine Reihe seltsamer Entwicklungen an. Dies und neue Informationen über die Ereignisse, die seinerzeit zu dem Verlust der Fossilien geführt hatten, erschienen mir schließlich doch so wichtig, daß ich die Geschichte, wenn auch nur um sie einmal zu ordnen und schriftlich festzuhalten erzählte, sogut ich konnte. Ein weiterer Grund war natürlich der prickelnde Reiz der Spannung, die an dieser Story haftet und die allein schon von großem Interesse war.

Ich habe mich auch bemüht, etwas vom Leben, von der Art und vom Aussehen jener Vorfahren von uns zu rekonstruieren, die so weit zurück in grauer Vorzeit lebten, daß sie vollkommen vergessen worden sind. Was wir davon wiederentdecken, kann nur mit detektivischem Scharfsinn erreicht werden; Schlußfolgerungen jedoch, die auf zuverlässigem Wissen gegründet sind und mit Vorsicht gezogen werden, können von größtem Nutzen sein. Ich hoffe, daß meine Schlüsse diesen Anforderungen genügen.

# Inhalt

# 1 Der Pekingmensch verschwindet

Weit über eine halbe Million Jahre war der Pekingmensch völlig unbekannt in einem Kalksteinhügel in Chou Kou Tien in der Nähe von Peking begraben gewesen. Als die Kunde von seiner Existenz sich 1926 verbreitete, schlug die Nachricht in der wissenschaftlichen Welt wie eine Bombe ein, denn bisher hatte man keine Überreste eines primitiven Menschen, der so weit zurück in der Vergangenheit gelebt hatte, in China oder sonst auf dem asiatischen Festland aufgefunden. Und 1941, fünfzehn Jahre später, waren seine kostbaren Überreste verschwunden – gestohlen, verloren oder zerstört. Was wirklich geschehen war, wußte niemand zu sagen. Noch nie hatte es in der Geschichte der Entdeckung von fossilen Überresten der menschlichen Entwicklung eine Katastrophe von diesem Ausmaß gegeben. Denn diese alten Knochen stellten eine authentische Population von mindestens vierzig Individuen – Männern, Frauen und Kindern – aus einem Stadium der menschlichen Evolution dar, das bis dahin unbekannt war.

Zuerst erschien der Verlust völlig unglaublich, weil seit der Veröffentlichung von Darwins „Über die Entstehung der Arten durch natürliche Zuchtwahl“ im neunzehnten Jahrhundert, Fossilien als der einzige greifbare Beweis für die Evolution geradezu den Charakter von Heiligtümern angenommen hatten. Sie waren die seltenen Fragmente von aufeinanderfolgenden Welten, die Schlüssel zum Verständnis der Formen, die das Leben in seiner unermüdlichen und endlosen Anpassung an die Umwelt angenommen hatte. Und unter diesen Über-

resten waren natürlich die interessantesten diejenigen, die den Verlauf der menschlichen Entwicklung kennzeichnen.
Dieser Verlust war für die Erforscher der menschlichen Entwicklungsgeschichte so tragisch, wie es sich die breite Öffentlichkeit gar nicht vorstellen kann. Schließlich konnte man annehmen, daß die Fossilien, wenn sie einmal entdeckt und sorgfältig studiert waren und Veröffentlichungen über die Ergebnisse dieser Studien vorlagen, ihren Zweck erfüllt hatten, etwas zur Rekonstruktion der Vergangenheit beizutragen. Unter diesen Umständen konnte man ihren Verlust zwar bedauern, mußte ihn jedoch keineswegs für irreparabel halten. In Wirklichkeit ist jedoch allen, die mit der Geschichte der paläontologischen Wissenschaft vertraut sind, bekannt, daß es für das Studium solcher Relikte kein Ende gibt. Wieder und wieder hat man wohlbekannte Exemplare, über die ausführliche Veröffentlichungen längst erschienen sind, neu untersucht; Grunderkenntnisse über ihre Beziehungen wurden anhand der frischen Einblicke, die neue Entdeckungen erbrachten, weiter verfolgt. Ein Beispiel dafür findet sich in der Geschichte des *Ramapithecus,* eines Stückes aus einer Reihe von Fossilien, die 1934 aus einer Miozän-Pliozän-Schicht in den Siwalik-Hügeln in Indien ans Tageslicht gefördert wurden. G. E. Lewis, der über die Entdeckung berichtete, ordnete den Fund in eine affenartige, als *Dryopithecus* bekannte Kategorie ein. Dort verblieb er viele Jahre, seine wahre Bedeutung wurde nicht erkannt. In den 1960er Jahren begann dann Elwyn Simons, ein Paläontologe der Universität Yale, mit einer eingehenden Neuuntersuchung der *Dryopithecinen.* Auf Grund der in der Zwischenzeit um vieles verfeinerten Kenntnis über die Entwicklung der Primaten (Herrentiere) konnte er – zur tiefen Befriedigung vieler Fachleute – nachweisen, daß der *Ramapithecus* keineswegs den Affen zuzurechnen war, sondern tatsächlich der Linie nahestand, die zu der Familie der Hominiden führt, zu der auch der Mensch gehört. Weil die Geschichte der Fossilien

so lückenhaft ist, zwingen neuere Entdeckungen häufig zu einer gründlichen Neuüberprüfung früherer, sehr oft nur versuchsweiser Rekonstruktionen. Unter solchen Umständen können auch Abgüsse manchmal an Stelle eines Originalfossils treten, selbstverständlich sind sie aber nie gleichwertig.

Das ist der Grund, warum diejenigen Institute, die Fossiliensammlungen beherbergen, diese für unersetzlich für die fortwährende Forschung halten. Institute, die so glücklich sind, wichtige Fossilien zu besitzen, schützen sie daher auch mit ganz besonderer Sorgfalt. Bei menschlichen Fossilien sind diese Schutzmaßnahmen begreiflicherweise weit einschneidender als bei anderen; die Erlaubnis, sie zu handhaben und zu untersuchen, wird nur ausgesuchten und qualifizierten Wissenschaftlern gewährt.

Zu dem Zeitpunkt, als die Peking-Fossilien verschwanden, waren sie die einzigen Vertreter dieses Stadiums der menschlichen Entwicklung. Andere existierten nicht. Der Verlust oder die Zerstörung von einem der vielen verstreuten Neandertaler-Überresten wäre zwar höchst bedauerlich gewesen; es hätte aber keineswegs bedeutet, daß dieser Typ für wissenschaftliche Studien und die Forschung nicht mehr zur Verfügung gestanden hätte.

Sicherlich ist jedes Exemplar als Variante seines Typs wichtig, trotzdem können die anderen in einem beträchtlichen Ausmaß die gleichen Informationen liefern. Wenn aber alle Vertreter eines spezifischen Entwicklungsstadiums verlorengehen, stehen wir vor einer völlig anderen Situation.

Obwohl in letzter Zeit als Ergebnis neuer Forschungen die Chinesen noch einige weitere Exemplare dieser alten Population ausgegraben haben, ist es höchst unwahrscheinlich, daß jemals etwas wieder entdeckt wird, das den ursprünglichen Funden gleichkommt.

Es ist äußerst selten der Fall, daß man eine ganze Serie von Fossilien besitzt, die eine Mehrzahl von Individuen einer einzigen Population vertritt. Sie liefert ein Wissen über die Variationen und die Reichweite des Typs, das für die Einordnung seiner Position von unschätzbarem Wert ist. Allzu oft besitzen wir leider nur ein einziges Exemplar, an dem wir eine besondere Stufe in der Evolution illustrieren müssen.

Professor Franz Weidenreich war der Wissenschaftler, der mit der wichtigen Aufgabe betraut wurde, die Fossilien des Pekingmenschen zu studieren und seine Resultate und Schlußfolgerungen zu veröffentlichen. 1934 hatte ihn der China Medical Board (Ärztlicher China-Ausschuß) der Rockefeller-Stiftung dazu bestimmt, den Posten am Peking Union Medical College (Vereinigtes Medizinisches Peking-College – P.U.M.C.) einzunehmen, der durch den Tod Professor Davidson Blacks verwaist war. Davidson Black war vorher für das Studium der Fossilien am Zänozoischen Forschungslaboratorium verantwortlich gewesen (Unter Zänozoikum oder Neozoikum versteht man die jüngste Stufe der Entwicklungsgeschichte.) Weidenreichs medizinische Laufbahn in Deutschland, als wissenschaftlicher Forscher ebenso wie als Lehrer, war höchst erfolgreich gewesen. Nachdem er sich bereits auf dem Gebiet der Hämatologie und Osteologie ausgezeichnet hatte, hatte er sein Interesse dem fossilen Menschen zugewandt; 1928 hatte er seinen ausgezeichneten Bericht über den Schädel von Ehringsdorf, ein neandertaloides Fossil, veröffentlicht, das in Deutschland ausgegraben worden war. Als Weidenreich nach China entsandt wurde, um die Arbeit an den Fossilien des dort entdeckten Pekingmenschen fortzusetzen, war er Gastprofessor an der Universität von Chicago. Als Jude war ihm das Klima des nationalsozialistischen Deutschland unerträglich geworden, der Posten in China bot ihm eine erwünschte Alternative. Ich selbst glaube jedoch, daß es in allererster Linie sein tiefes Interesse an der Aufgabe war, die Probleme der Entwicklungsgeschichte des Menschen zu enthüllen, das ihn so stark nach Peking zog. Sein ausgezeichneter wissenschaftlicher Ruf hätte ihm nämlich ohne jede Mühe eine Berufung auf einen bedeutenden Lehrstuhl in den Vereinigten Staaten eingetragen.

Als Professor Weidenreich in Peking eintraf, waren die Ausgrabungen in Chou Kou Tien noch in vollem Gang; zu den schon zu Tage geförderten Fundstücken kamen immer weitere Entdeckungen. In der Hauptsache handelte es sich dabei um Zähne; manchmal fand man sie einzeln, manchmal steckten sie noch in Bruchstücken des Kiefers. Dazu grub man einige lange Knochen und, was am bedeutsamsten war, Fragmente von Schädeln aus. Natürlich mußten diese Funde erst gesäubert und die harten Verkrustungen entfernt werden, ehe man sie in allen Einzelheiten untersuchen konnte. Schon binnen eines Jahres begann Weidenreich in der für ihn charakteristischen Hingabe an seine Arbeit mit der Veröffentlichung einer Reihe von maßgeblichen Monographien über die Fossilien – über die Unterkiefer, die Bezahnung, die Hirnschalen und die langen Knochen. Als letztes nahm er dann eine monumentale und weitreichende Studie über den eigentlichen Schädel in Angriff.

1937 waren die Ausgrabungsarbeiten in Chou Kou Tien infolge einer wachsenden Spannung zwischen den chinesischen Nationalisten und den japanischen Eindringlingen eingestellt worden. Der Schußwechsel an der Marco-Polo-Brücke in Peking hatte endlich den chinesischen Widerstand ausgelöst. Die ins einzelne gehende Forschung an dem anatomischen Aufbau der Fossilien wurde jedoch – wenn sie auch durch die außenpolitischen Ereignisse behindert wurde – im Zänozoischen Forschungslaboratorium fortgesetzt. Die unmittelbare Bedrohung durch die Japaner wurde etwas durch die Tatsache gemildert, daß das P. U. M. C. ein Institut war, das durch die amerikanische Rockefeller-Stiftung gegründet und erhalten wurde; in diesem Stadium der japanischen Invasion in China wurden ausländische Interessen noch respektiert. Die ausländischen Botschaften und die zu ihrem Schutz im Land befindlichen Truppenkontingente blieben noch unbelästigt.

Das Gefühl der Gefahr und der Bedrohung wuchs jedoch immer mehr, eine steigende Unruhe machte sich breit. Für die Leitung der Arbeiten am Zänozoischen Forschungslaboratorium wurde die Sicherheit ihrer kostbaren Fossilien zu einem Problem von vorrangiger Bedeutung. Lange Zeit, ehe man sich in den Vereinigten Staaten ernstlich mit der Möglichkeit bewußter Feindseligkeiten von seiten der Japaner zu befassen begann, spürten die Chinesen und die in China stationierten Amerikaner feinfühlig die wachsende Drohung eines japanischen Konflikts mit den Vereinigten Staaten. Da diese Möglichkeit nicht auszuschließen war, konnte man erwarten, daß das Laboratorium in japanische Hände fiel und seine Einrichtungen und seine wissenschaftlichen Schätze konfisziert wurden.

Man könnte der Ansicht sein, daß die Beamten und Wissenschaftler am Zänozoischen Forschungslaboratorium allzu furchtsam waren. Warum, so konnte man fragen, sollten japanische Soldaten ein besonderes Interesse für alte fossile Knochen zeigen? Waren denn ihre Offiziere gebildet genug, daß sie den paläontologischen Wert dieser Fossilien erkannten und daß sie in Lagerräumen nach ihnen suchten? Und doch, als die Japaner den Krieg erklärten und das P. U. M. C. übernahmen, war es eine ihrer ersten Maßnahmen, daß sie nach eben diesen Fossilien suchten und jeden Mitarbeiter des Laboratoriums, der ihnen in die Hände fiel, unter Druck setzten und hartnäckigen Kreuzverhören unterzogen.

Mr. Pei Wen Chung, der aktiv an den Ausgrabungen in Chou Kou Tien teilgenommen und 1929 den ersten Schädel eines Pekingmenschen ausgegraben hatte, hat dieses Verhör ziemlich ausführlich in den „Studies in Chinese Prehistory“ (Studien in chinesischer Vorgeschichte) beschrieben. Er wurde nicht nur von japanischen Anthropologen, sondern auch von japanischen Regierungsbeamten einem Kreuzverhör unterzogen. Er erwähnt dabei auch, daß Mr. Trevor Bowen, der amerikanische

Verwaltungsdirektor des P. U. M. C. fünf beschwerliche Tage lang eingehend und scharf verhört wurde.
Diese Leidenschaft der Japaner für Fossiliensammlungen spiegelte sich auch in dem Umstand, daß sie eine wichtige Sammlung von Foraminiferen (Wurzelfüßlern) beschlagnahmten, die Professor H. Tahlmann in Java zusammengetragen und gelagert hatte. Diese Sammlung besaß einen offenkundigen kommerziellen Wert für die Ölsuche in diesem Gebiet; sie mag daher für die japanischen Interessen von großer Bedeutung gewesen sein. Aber einen kommerziellen Wert dieser Art besitzen menschliche Fossilien natürlich nicht; ich kann daher nur vermuten, daß die erbarmungslose Suche nach den Pekingmensch-Fossilien entweder Ausdruck eines besonderen Drängens japanischer Anthropologen war, eine so außergewöhnliche Sammlung für ihre eigenen Forschungszwecke in ihren Besitz zu bringen, oder eine Art Sammelleidenschaft, die ja bei den Japanern so weit verbreitet ist. Ein anderes Beispiel für die japanischen Fossilienraubzüge bietet uns der Solo-Schädel den der hervorragende Paläontologe Ralph von Koenigswald auf Java in seiner Obhut hatte, wo er bei Ausbruch der Feindseligkeiten arbeitete. Diese Fossilien – es handelte sich um elf mehr oder wenige komplette Schädel – stellten eine in etwa neandertaloide Population dar, die lange nach der Zeit des *Pithecanthropus* oder Pekingmenschen auf Java gelebt hatte. Zusätzlich hatte von Koenigswald einige wichtige neue Exemplare des frühen *Pithecanthropus*-Typs entdeckt. Nach der japanischen Invasion war daher die Sicherheit der wertvollen Exemplare, die er zudem noch nicht untersucht hatte, seine erste Sorge. Wie er es erwartet hatte, wurde er für die Dauer des Kriegs in ein Kriegsgefangenenlager gebracht; ehe er jedoch eingesperrt wurde, hatte er Schritte unternommen, um seine Sammlung sicherzustellen. Als er bei der Einstellung der Feindseligkeiten freigelassen wurde, mußte er feststellen, daß einer seiner Soloschädel trotz all seiner Vorsichtsmaßnahmen

verschwunden war. Als er Java im Herbst 1945 als freier Mann verlassen konnte, kam er direkt in das Amerikanische Museum für Naturgeschichte und brachte seine Fossiliensammlung mit, die reichste, die ich je gesehen oder in der Hand gehabt hatte. Aber er glich einem Schäfer, der seine Herde sicher nachhause gebracht hatte – mit Ausnahme eines einzigen geliebten Lammes.

Kurze Zeit nach der Ankunft von Koenigswalds erhielt ich einen Brief von einem meiner ehemaligen Studenten und guten Freund, Walter Fairservis. Als junger Leutnant war Fairservis dem Militärischen Nachrichtendienst in Japan zugeteilt worden; er schrieb jetzt und fragte an, ob er mir einen Wunsch erfüllen könne, solange er noch dort sei. Halb im Scherz erwiderte ich ihm und schlug vor, er solle doch versuchen, von Koenigswalds verlorenen Solo-Schädel wiederzufinden. Wenige Monate später erhielt ich aus Washington eine Aufforderung, eine exakte Beschreibung des Schädels einzusenden. Nachdem ich die Sache mit von Koenigswald besprochen hatte, sandte ich die Information ab. Ich war zwar etwas verdutzt, hatte aber irgendwie das Gefühl, daß Fairservis sich auf einer heißen Spur befand. Als ich dann eines Morgens wenige Tage vor Weihnachten in das Museum kam, traf ich dort zu meiner Überraschung Fairservis an; er trug ein Kistchen mit dem verlorenen Solo-Schädel unter dem Arm. Er war abgeordnet worden, ihn persönlich zurückzubringen und von Koenigswald auszuhändigen. Von Koenigswald hat sicher noch nie ein so unerwartetes und willkommenes Weihnachtsgeschenk erhalten. Fairservis hatte den Solo-Schädel im Kaiserlichen Hausmuseum als Teil der kaiserlichen Kuriositätensammlung gefunden.

Rückblickend erscheint es nun durchaus gerechtfertigt, daß sich die Hüter des Pekingmenschen hinsichtlich der Sicherheit dieser Fossilien ernstlich Sorgen gemacht hatten. Aus Notizen und Briefen, die erhalten geblieben sind, sowie aus Peis Originalbericht wird klar, daß man in Peking lange und ausführlich erörtert hat, welche Schritte man unternehmen solle, um die Fossilien zu sichern und weiterhin in chinesischer Hand zu behalten.

Man kann sich fragen, warum Weidenreich die Fossilien nicht mit sich nahm, als er in die Vereinigten Staaten reiste. Er wußte schließlich, daß das Zänozoische Forschungslaboratorium am P. U. M. C. einer japanischen Plünderung bisher nur deshalb entgangen war, weil es, technisch gesehen, unter amerikanischer Aufsicht stand. Die Aussichten für die zukünftige Sicherheit der Funde sahen bereits sehr düster aus. Wir wissen heute, daß er sich die allergrößten Sorgen machte. Ihm und der Leitung des Laboratoriums standen verschiedene Möglichkeiten offen: Sie konnten die Fossilien in einem Geheimgewölbe oder einem anderen Versteck in Peking unterbringen. Dadurch vermieden sie die Gefahr, die bei der Verfrachtung aus einem im Aufruhr befindlichen Land zweifellos gegeben war. Man konnte die Fossilien auch in einen ruhigeren Teil Chinas schikken, wo sie beschützt werden konnten (der Direktor hielt das südwestliche China für eine ruhige Zone). Es war auch möglich, sie insgesamt außer Landes zu schicken. Dabei zog man eine Verschiffung in die Vereinigten Staaten ernsthaft in Betracht. In einem Brief, der am 10. Januar 1941 abgefaßt wurde, wogen Dr. Henry Houghton, der Direktor des Vereinigten Medizinischen Peking-Colleges sowie Dr. W. H. Wong und Dr. T. H. Yin die Vorzüge der zweiten und dritten Möglichkeit gegeneinander ab.

Sie kamen zu dem Schluß, daß es angesichts der praktischen Schwierigkeiten, die Fossilien an die Geologische Forschungsstation in Südwestchina zu senden, wohl weiser sei, wenn man Weidenreich die Erlaubnis erteilte, sie mit sich in ein Institut der Vereinigten Staaten zu nehmen – und das trotz einer Abmachung mit der Rockefeller-Stiftung, daß alles, was in Chou Kou Tien ausgegraben wurde, in China verbleiben müsse.

Ein Brief Weidenreichs an Wong vom 11. Juli 1941 faßt einen

großen Teil der Diskussionen und Korrespondenzen hinsichtlich des Verbleibs der Fossilien zusammen:

„Wir kamen zu dem Schluß, daß es ein allzu großes Risiko darstelle, wenn ich die Originale als Teil meines Gepäcks mitnehme. Wenn sie durch die Zollkontrolle in einem Einschiffungs- oder Transithafen entdeckt wurden, bestand die Gefahr, daß man sie beschlagnahmen würde. Außerdem müßte man natürlich in Rechnung stellen, daß die Objekte viel zu wertvoll waren, als daß man sie in so gefährlichen Zeiten ungeschützt den Risiken einer Reise aussetzen könnte. Nachdem wir jegliches Für und Wider abgewogen hatten, entschieden wir, daß es wenigstens für den Augenblick am klügsten sei, die Originale dort zu lassen, wo sie waren, das heißt in den Safes des Zänozoischen Forschungslaboratoriums im Gebäude der Abteilung für Anatomie im P. U. M. C."

Weidenreich schrieb in seinem Brief weiter, daß die Leitung der Rockefeller-Stiftung in New York mit dem Vorschlag einverstanden gewesen sei, daß man die Frage aber neuerdings erörtern wolle, falls sich die Lage verschlechtere.
Ich erinnere mich, daß ich mit Weidenreich darüber gesprochen habe. Und ich weiß noch, daß die Entscheidung, die Verfrachtung der Fossilien in seinem Privatgepäck nicht zu riskieren, erst dann fiel, als es ihm nicht gelungen war, den US-Botschafter und den Kommandeur des US-Marinekorps in Peking zu überreden, sie als amtliche US-Fracht zu versenden. Dadurch wäre natürlich der Papierkrieg mit den Zollvorschriften vermieden worden.
Jedenfalls ist in diesen kritischen Monaten des Jahres 1941 nichts geschehen. Weidenreich verließ China und nahm wunderschön präparierte Abgüsse, Photographien und detaillierte Zeichnungen mit, die für die Vervollständigung seiner Untersuchung des Pekingmenschen unerläßlich waren.

Im August 1941, nach Weidenreichs Abreise, berichtet Mr. Pei, habe Mr. Wong Wen-hao, der Direktor des Instituts für Geologische Vermessungen an den amerikanischen Botschafter Nelson T. Johnson geschrieben und ihn gebeten, er möge doch die Verschickung der Fossilien in die Vereinigten Staaten ermöglichen. Dort könnten sie sicher gelagert und nach der Beendigung der Feindseligkeiten nach China zurückgebracht werden. Nach einer Verzögerung, für die es keine Erklärung gibt, und nach weiterem Drängen Peis traf in der US-Botschaft in Peking ein Telegramm von Mr. Johnson ein, der damals in Tschungking stationiert war. Es erteilte Instruktionen, die Verschickung der Fossilien aus dem Land in die Wege zu leiten. Das war irgendwann Mitte November 1941. Im Nachhinein läßt sich allerdings leicht feststellen, daß dies schon zu spät war, denn knapp drei Wochen danach erklärten die Japaner den Vereinigten Staaten den Krieg. Nach diesem Zeitpunkt konnte natürlich nichts mehr unternommen werden.

Was dann geschah, blieb den in Amerika an der Sache Beteiligten verborgen. Mit dem Ausbruch des Krieges am 8. Dezember (chinesischer Zeit) rissen alle Verbindungen ab. Die amerikanischen Beamten des P. U. M. C., das von Japanern in Besitz genommen wurde, wurden verhaftet, und ihre chinesischen Kollegen waren nicht in der Lage, zu schreiben, selbst wenn sie etwas hätten berichten können.

Pei, der sich um die Sicherheit der Fossilien so große Sorgen machte wie nur irgendjemand, wußte von den tatsächlichen Ereignissen herzlich wenig. Er schrieb:

„Wir sollten unseren amerikanischen Freunden dankbar dafür sein, daß sie nicht nur die ganze Verantwortung für den Transport des ‚Pekingmenschen' übernommen hatten, sondern auch darauf vorbereitet waren, die Schuld auf sich zu nehmen, falls sie nach Ausbruch des Krieges zwischen Japan und den Vereinigten Staaten gefangengenommen werden sollten. Sie wollten uns Chinesen (namentlich mich selber) nicht mit in die Sache hineinziehen. Unter unseren amerikanischen Freunden waren die wichtigsten jedenfalls Mr. Houghton, der Dekan der Hsieh-ho Medizinischen Schule (des P.U.M.C.) und Mr. Bowen, der Verwaltungsdirektor. Sie übernahmen persönlich die Verpackung der *Sinanthropus* (Pekingmenschen-)Exemplare genauso wie den Transport, ohne uns daran teilnehmen zu lassen oder auch nur Bescheid zu geben. Ihre Einstellung, die Schuld für andere auf sich zu nehmen, war in der Tat höchst bewundernswert, etwas für das man äußerst dankbar sein sollte."

In seinem Bericht erzählt Pei, daß die Japaner, als sie am frühen Morgen des 8. Dezember das Vereinigte Medizinische Peking-College besetzten, als eine der ersten Maßnahmen den Safe in der Abteilung für Anatomie öffneten und seinen Inhalt untersuchten. Offensichtlich besaßen die Fossilien eine hohe Priorität, die Plünderung mußte schon von langer Hand vorbereitet gewesen sein. Weiter berichtet Pei, daß die Professoren Hasebe und Takai vom Kaiserlichen College in Tokio schon vor Ausbruch der Feindseligkeiten in Peking eingetroffen waren. Daß man das so arrangiert hatte, um die Fossilien in dem ersten möglichen Augenblick beschlagnahmen zu können, wird durch das Ersuchen Professor Takais bekräftigt, ihm die Arbeit im Laboratorium zu gestatten. Pei ist davon überzeugt, daß das nur deshalb geschah, weil man Takai in eine strategische Position bringen wollte, in der er sich mit den Sicherheitsvorkehrungen vertraut machen konnte. Außerdem sollte er etwaige chinesische Manöver, die Fossilien zu verstecken, beobachten. Auch Professor Hasebe „plante im Dunklen", wie Pei das ausdrückte.

Schwer enttäuscht darüber, daß sie in dem Safe nur Gipsabdrücke vorfanden, quetschten die Japaner darauf hin jede andere Informationsquelle aus, die ihnen zur Verfügung stand.

Natürlich wurde Pei einer hartnäckigen Befragung unterzogen; man bestach ihn mit einer „Marionetten"-Professur, man appellierte an ihn „Japaner und Chinesen seien doch eine Familie", die gegen den Westen vereint auftreten müsse. Man beschuldigte ihn, ein Agent Tschungkings [Tschungking war der Sitz der nationalchinesischen und japanfeindlichen Nationalregierung Tschiang Kai-scheks] zu sein, und untersagte ihm, Peking zu verlassen. Dann wieder lud ihn Professor Hasebe ein, mit ihm bei dem Wiederbeginn der Ausgrabungen in Chou Kou Tien zusammenzuarbeiten. „Erst jetzt", bemerkte Pei, „begriff ich allmählich die sorgfältige Planung unserer amerikanischen Freunde, Mr. Houghton und Mr. Bowen, die mich daran gehindert hatten, etwas in Erfahrung zu bringen, als sie die Verpackung und den Abtransport der *Sinanthropus*-Relikte durchführten."
Die Japaner ließen sich jedoch nicht so leicht entmutigen, denn Pei berichtet, daß etwa anderthalb Jahre später, nämlich im April 1943, ein japanischer Detektiv mit dem englischen Namen „George" ihn informierte, er handle im Auftrag des japanischen Kriegsministeriums, wenn er diesen neuen Versuch unternehme. „George" war offensichtlich sehr tüchtig, denn Pei stellte fest, daß er in der Lage war, an jeden der Beteiligten heranzukommen und ganz besonders an Mr. Bowen, der offensichtlich in Peking gefangensaß. Pei schreibt, daß Bowen nachdem er von George aufgespürt worden war „fünf sehr harte Tage bei der Befragung durch die japanische Militärpolizei erlebte".
Von diesem Punkt an wird Peis Bericht etwas widersprüchlich, falls seine frühere Feststellung zutrifft, sein Unwissen über den Abtransport der Fossilien sei geplant gewesen. Seine Dankbarkeit dafür, daß man ihn klugerweise hinsichtlich der Verpackung und des Transports in Unwissenheit gehalten hatte, erscheint uns fehlplaziert und zwar angesichts seiner Beschreibung der Rolle, die er bei eben diesen Arbeiten gespielt

haben will. Er schreibt, daß „wir“ im November 1941, also vor Ausbruch des Krieges, „die Verpackung in zwei weiße Holzkisten vornahmen“. Diese Kisten wurden nach anderen Berichten aus erster Hand als „Feldkisten“ beschrieben, wie sie die amerikanischen Marineinfanteristen für ihr Gepäck benützten. Die versteinerten Überreste des Pekingmenschen wurden sorgfältig in Baumwolle gehüllt, in kleinere Kisten gepackt, die vorsichtig in die zwei Feldkisten mit der Aufschrift „A“ und „B“ eingepaßt wurden. Dieser Bericht stimmt vollkommen mit den Erinnerungen von Mrs. Claire Taschdjian überein, einer Assistentin Dr. Weidenreichs, die nach seiner Abreise in Peking zurückgeblieben war. Pei erwähnte auch, daß einige *Homo sapiens*-Fossilien – die Schädel der „Oberen Höhle“ – mit den Relikten des Pekingmenschen verpackt wurden: sie stellen einen weiteren Verlust dar, den man in der Sorge um das Verschwinden der primitiveren Exemplare gewöhnlich übersieht.

Noch eine weitere Bestätigung dieses Unternehmens erhielt ich in jüngster Zeit von Miss Mary E. Ferguson, die damals Registratorin und Sekretärin des Personalausschusses am Vereinigten Medizinischen Peking-College gewesen war. Sie schrieb:

„Von meinem Bürofenster aus konnte ich sehen, wie Mr. Bowen eine verschlossene Kiste über den Marmorhof zum vorderen Tor des Colleges in einen Wagen schaffte, in dem man sie zu der Kaserne der Marineinfanterie fuhr. Ob es sich um mehr als eine Feldkiste handelte, kann ich nicht sagen, ich kann aber dafür bürgen, daß es mindestens eine Kiste gewesen ist.“

Pei fährt in seinem Bericht fort und erklärt, daß die zwei Kisten, bei deren Verpackung er geholfen habe, in die US-Botschaft geschickt und von dort zum US-Marinekorps befördert worden seien, das im Raum von Peking stationiert war. Die Marineinfanterie hatte nämlich den Auftrag erhalten, die Kisten sicher in die Vereinigten Staaten zu schaffen. Aus den

Erinnerungen Peis geht einwandfrei hervor, daß er darüber Bescheid wußte, daß die Kisten zusammen mit dem Marineinfanteriepersonal an Bord der President Harrison verladen werden sollten.

Das Schiff sollte am 8. Dezember in Chingwangtao, der Hafenstadt von Tientsin eintreffen; es hat diesen Hafen jedoch nie erreicht. Von Manila kommend wurde es von einem japanischen Kriegsschiff verfolgt und lief vor der Jangtse-Mündung auf Grund.

Im Mai 1943, etwa einen Monat nach dem Besuch und der Suche „Georges", berichtete Pei, man habe eine Nachricht erhalten, der Pekingmensch oder besser seine fossilen Überreste seien in Tientsin gefunden worden. Diese Nachricht wurde jedoch kurz darauf dementiert: „Was immer in Tientsin gefunden worden sei, habe nicht das geringste mit den verlorenen Knochen zu tun". Pei fährt in seinem Bericht aber fort und behauptet, die Japaner hätten von diesem Zeitpunkt an nicht weiter nach den Fossilien gesucht. Ich weiß natürlich nicht, ob das ein bloßer Zufall war oder ob die Japaner in Tientsin die Fossilien – oder einen Teil von ihnen – gefunden hatten und daher nicht weiter nach ihnen suchen mußten.

Pei selbst scheint zu der Schlußfolgerung gekommen zu sein, daß die Fossilien verloren waren. Er erwähnt, daß die zwei Feldkisten in ein Lagerhaus in Chingwangtao gebracht worden seien, wo sie auf die Ankunft der President Harrison warteten. Er berichtete weiter, daß das Lager zweimal von japanischen Soldaten heimgesucht und geplündert worden sei: die zwei Kisten „seien wahrscheinlich von ihnen zerstört worden". Dann fügte er hinzu, „trotzdem ist es jedoch durchaus möglich, daß sie die Kisten versteckt hatten."

Am Ende des Krieges, als sich das Alliierte Oberkommando in Japan befand, ließ eine allerletzte Nachricht noch einmal Hoffnungen aufflammen, die allerdings nur zu schnell wieder gedämpft wurden. Am 19. November 1945 traf in Peking eine

Depesche von der Zentralen Nachrichten-Agentur in Tokio ein und wurde in den chinesischen Zeitungen veröffentlicht. Sie besagte, daß das „früher gestohlene und nach Tokio gebrachte Skelett des Pekingmenschen“ vom Alliierten Oberkommando aufgefunden worden sei. Leider mußte Pei bald berichten, daß lediglich Gipsabgüsse zurückgesandt worden waren – zweifellos jene, die im Vereinigten Medizinischen Peking-College gelagert gewesen waren. Nach all diesen Vorfällen konnte Pei 1945 nur traurig den Schluß ziehen, „daß der Aufenthaltsort des Pekingmenschen unbekannt ist“.

Während sich dies alles in Peking abspielte, war Weidenreich im Amerikanischen Museum für Naturgeschichte in New York völlig in seine detaillierten Studien des Pekingmenschen vertieft. In einem großen runden Turmzimmer, mit Ausblick auf den Central Park hatte er ein Laboratorium eingerichtet, wo Zeichnungen, Fotografien, Gipsabgüsse und Vergleichsmaterial, das er aus den Beständen des Museums geholt hatte, auf Arbeitstischen ausgebreitet waren. Bis zu diesem Zeitpunkt hatte er bereits mehrere größere Beiträge zu einem gründlichen Verständnis der Anatomie verschiedener Segmente der Fossiliensammlung veröffentlicht. Jetzt befaßte er sich ausschließlich mit seiner Hauptarbeit, dem Studium des Schädels selbst. Natürlich vermißte er bei seinen Studien bitter die Originale, glücklicherweise besaß er jedoch seine detaillierten Beobachtungen und Messungen, die er selbst in China angefertigt hatte. Daher war er in der Lage, seine Arbeit unter nur geringen Behinderungen fortzusetzen.

Obwohl er gezwungen gewesen war, seinen Posten in China zu verlassen, hatte er noch seine Professur an dem Vereinigten Medizinischen Peking-College inne, was durch eine fortwährende finanzielle Unterstützung durch den Medizinischen Chinaausschuß der Rockefeller-Stiftung ermöglicht wurde. Die Großzügigkeit dieser Stiftung hatte durch viele Jahre hindurch unermeßlich zur Bildung und Forschung in China beigetragen.

Ich erinnere mich noch sehr lebhaft daran, wie Weidenreich in meinem Arbeitszimmer erschien, als er zum ersten Mal von dem verhängnisvollen Verlust hörte. In normalen Zeiten war er ein sehr selbstbeherrschter Mann, dem das Zeigen von Emotionen völlig fremd war. An diesem Tag jedoch war er zwar äußerlich gefaßt, aber doch sichtlich tief erschüttert. Der größte Teil seiner Informationen – wenn nicht alle – stammten aus dem New Yorker Büro des Medizinischen China-Ausschusses der Rockefeller-Stiftung. Offensichtlich waren diese Informationen aber widersprüchlich und ungenau. Eine Version besagte, daß die Feldkisten, in denen die Fossilien verpackt waren, sicher in Chingwangtao zur Verladung auf der President Harrison eingetroffen seien. Wie ich aber bereits erwähnt habe, kam die President Harrison nie in Chingwangtao an, da sie schon vorher gesunken war.

Eine weitere Geschichte ergab etwas mehr Sinn, und wir neigten auch dazu, sie zu akzeptieren. Sie besagte, die Kisten, die die Fossilien enthielten, seien dem letzten Kontingent Marineinfanterie anvertraut worden, das aus Peking evakuiert wurde, ehe die Japaner alle militärischen Einrichtungen in Peking übernahmen. Auf dem Wege nach Tientsin sei der Zug, der die Marineinfanterie und ihr Gepäck beförderte, von japanischen Truppen angehalten worden, die das Gepäck einschließlich der Fossilienkisten durchstöberten und plünderten. Als Ergebnis seien die Fossilien verstreut worden und verlorengegangen.

Da alle Nachrichtenverbindungen mit Peking bei Kriegsausbruch abrissen, bestand, als wir die Nachricht hörten, für Weidenreich kaum eine Hoffnung, die Wahrheit herauszufinden oder irgendetwas von den offensichtlich verlorenen Fossilien wiederzuentdecken. Uns blieb also nichts anderes übrig, als uns in die bedauerlichen Tatsachen zu fügen und zu hoffen, daß wir die Angelegenheit nach Kriegsende wieder aufnehmen und dann eine Klärung herbeiführen könnten.

Als aber dann der Krieg mit Japan sein Ende nahm, blieb die Situation in China nach wie vor chaotisch. Die Chinesen, die jetzt selbst in einen verheerenden Bürgerkrieg verwickelt waren, waren weder in der Lage noch sicherlich auch in der Stimmung, Untersuchungen darüber anzustellen, was mit dem Pekingmenschen geschehen war. Nichtsdestotrotz bemühte sich Weidenreich 1947 und noch einmal 1948, neue Aktionen in die Wege zu leiten. Er schrieb nach Washington, um genauere Informationen zu erhalten, hatte aber so gut wie keinen Erfolg. Die Tatsache, daß Fairservis den vermißten Solo-Schädel im Kaiserlichen Hausmuseum in Tokio entdeckt hatte, ermutigte ihn. Er versuchte zu erreichen, daß ihn die Behörden in Washington zu einer Nachforschungsmission nach Peking sandten. Aber auch in dieser Sache gelang es ihm nicht, ein entscheidendes Interesse zu wecken.

In der Zwischenzeit hatte uns ein weiteres Gerücht erreicht, das wie alle anderen jedoch schnell an Bedeutung verlor. Im November 1945 hatte Dr. Frank Whitmore, ein Stabsgeologe bei der Armee der Vereinigten Staaten in Tokio, an Dr. Tilly Edinger an der Harvard-Universität geschrieben:

„8. November:

Wir haben eben in der Universität von Tokio eine Sammlung von Knochen und Artefakten der berühmten *Sinanthropus pekinensis*-Fundstelle in Chou Kou Tien in der Nähe von Peking erhalten. Dort befinden sich auch die Originalaufzeichnungen oder die Forschungsarbeiten von Davidson Black. Wir wollen das alles dem Eigentümer, dem Vereinigten Medizinischen Peking-College zurückerstatten; heute beginne ich mit der Nachforschung, auf welchem Wege das am besten geschehen könnte."

Zwei Wochen später ging Whitmore etwas mehr ins Detail:

„Wenn wir aber von der Publicity sprechen – die *Sinanthropus*-Sache ist eine heiße Angelegenheit ... Ich fuhr zur Universität von Tokio, wo sich die Sammlung befindet und sprach mit Professor H. Suzuki. Er erwiderte, er habe von der ganzen Angelegenheit keine Ahnung. Darauf stellte ich ihm die gleiche Frage von neuem ..., und jetzt sagte er, nun, er habe davon gehört, aber er habe keine Ahnung, wo sich die Sammlung befinde. Als ich ihn ein drittes Mal befragte, zischte er wütend und sagte, er wolle sich auf den Weg machen und sich umsehen. In fünf Minuten war er mit der Sammlung wieder da, sie umfaßte mehrere behauene Steine und geschwärzte Geweihe, die zusammen mit den *Sinanthropus*-Knochen gefunden worden waren, dazu viel jüngere und fortschrittlichere Geräte und Ornamente, die aus höheren Schichten in der Chou Kou Tien-Höhle stammten."

Diese Knochen und Artefakte, die Whitmore in Tokio auffand, hatte man vermutlich nicht für wertvoll genug gehalten, daß man sie zusammen mit den *Sinanthropus*-Fossilien verschickte. Deshalb hatte man sie im Laboratorium des Vereinigten Medizinischen Peking-Colleges zurückgelassen. Daß diese Gegenstände von den Japanern konfisziert wurden, obwohl sie zweifellos von geringerem Interesse waren, bestätigt über jeden Zweifel hinaus die Befürchtungen der Chinesen und der Amerikaner, daß die Fossilien des Pekingmenschen beschlagnahmt worden wären, wenn man sie in dem Laboratorium gelassen hätte. Dadurch erscheint auch der in letzter Minute unternommene Versuch, sie an einen sicheren Ort zu schaffen, durchaus gerechtfertigt.

Wenn man jedoch in Betracht zieht, daß Dr. Whitmore bei der Bergung eines Teils des Chou Kou Tien-Materials Erfolg hatte, wäre es vielleicht doch klüger gewesen, auch die großen Fossilien in Peking zu lassen. In diesem Fall wären sie zweifellos von den Japanern als seltene Beute beschlagnahmt, dann aber auch unter allen Vorsichtsmaßnahmen für ihre Sicherheit und Erhaltung nach Tokio befördert worden, von wo sie Dr. Whitmore vielleicht ebenfalls hätte zurückholen können.

Eine neue Version über das Schicksal der Relikte des Pekingmenschen tauchte im März 1951 auf – achtzehn Monate nach der Machtübernahme durch die Kommunisten in China –, und ich wurde auf eine sehr persönliche und völlig unerwartete Art in die Sache hineingezogen. Zu dieser Zeit veröffentlichte die chinesische Presse eine Story, in der das Amerikanische Museum für Naturgeschichte beschuldigt wurde, es habe die Fossilien insgeheim aufgekauft und gelagert. Als Dekan der Abteilung für Anthropologie geriet ich dadurch in eine fragwürdige Situation.

Das Thema wurde von den Zeitungen in der ganzen Welt aufgegriffen und die New York Times brachte einen ausführlichen Bericht. Natürlich verfaßte ich sofort eine Gegendarstellung, in der ich die Meldung entschieden dementierte, und die New York Times druckte auch diese Gegendarstellung ab. Im folgenden Jahr wurde dieselbe Geschichte in China noch mindestens zweimal über den Rundfunk gesendet. Diesmal machte ich mir aber gar nicht erst die Mühe, die Sache zu dementieren, weil sie allmählich – infolge der dauernden Wiederholungen – wie reine Propaganda aussah.

Ich war der Überzeugung, daß jeder vernünftige Kollege, der einen derartigen Unsinn las, erkennen mußte, wie absurd und zwecklos solche Anspielungen waren. Was hätte man schon mit diesen in der ganzen Welt berühmten Stücken anfangen können, wenn sie illegal erworben worden wären? Wenn man sie gezeigt oder wissenschaftlich ausgewertet hätte, wäre das das gleiche gewesen wie die Ausstellung einer gestohlenen Mona Lisa. Sicherlich besaßen die Fossilien auch keinerlei ästhetischen Reiz, der mich animiert hätte, mich insgeheim und einsam an ihnen zu erfreuen.

Allerdings gelang es mir herauszubekommen wie diese ganze Geschichte entstanden sein konnte. Kurz vor Weidenreichs Tod wurde er noch von einem wohlbekannten englischen Paläontologen, Professor D. M. S. Watson, in seinem Laboratorium aufgesucht. Watson erzählte mir, daß er nach seiner Rückkehr nach London einige seiner promovierten Studenten in seinem Büro zum Tee eingeladen und ihnen bei dieser Gelegenheit einige der interessantesten Dinge beschrieben habe, die er in den Sammlungen des Amerikanischen Museums für Naturgeschichte zu Gesicht bekommen hatte. Bei dieser Gelegenheit berichtete er auch von seinem Besuch bei Weidenreich, der ihm einen Schädel des Pekingmenschen gezeigt habe.

Wie mir Watson aber später erzählte, hatte er seinen Studenten ungeschickterweise nicht genügend klar gemacht, daß ihm Weidenreich nicht den Originalschädel, sondern lediglich die Gipsabgüsse gezeigt hatte. Einer dieser jungen Menschen, ein Deutscher mit einer Neigung zum Kommunismus, hatte später London verlassen und war nach China gereist. Watson nahm nun an, daß sein ehemaliger Student, der natürlich keine Ahnung gehabt hatte, daß es sich bei dem Schädel nur um einen Gipsabguß handelte, einigen chinesischen Paläontologen erzählt hatte, Watson habe den Pekingmenschen in den Vereinigten Staaten und zwar im Amerikanischen Museum für Naturgeschichte gesehen.

## 2 Drachenknochen

Die Umwandlung der knöchernen Relikte der Männer und Frauen von Chou Kou Tien in praktisch unsterbliche Beweise ihrer ehemaligen Existenz hat viele Jahrtausende gedauert. Stückchen um Stückchen war ihre organische Substanz ausgelaugt worden. Atom um Atom war darauf diese organische Substanz langsam durch mineralische Stoffe ersetzt worden. Durch diesen Vorgang war die äußere Struktur und Form der ursprünglichen Knochen genau erhalten geblieben. Die Paläontologen nennen diesen Vorgang Versteinerung. (Die Versteinerung ist übrigens nicht die einzige Art, wie Fossilien entstehen. In die große Kategorie der Fossilien reihen die Fachleute auch andere Überreste des organischen Lebens wie Abdrücke, natürliche Mumifizierungen, ja sogar weiche Gewebe ein, die Tausende von Jahren in den Eisbodenschichten der Arktis eingefroren waren.)
Versteinert und hart waren die Knochen des Pekingmenschen vor dem natürlichen Verfall geschützt gewesen. Die primitiven Menschen, von denen sie einst ein Teil gewesen waren, waren längst vom Antlitz der Erde verschwunden, genau wie ihre Vorgänger und alle bis auf ihre allerjüngsten Nachfolger im Verlauf der menschlichen Entwicklung dahingegangen sind. Da sie keine Spuren hinterließen, die für ihre modernen Nachfolger eine offensichtliche Bedeutung hatten, waren sie längst in Vergessenheit geraten; es war genau so, als ob sie nie existiert hätten.
Das „Rassengedächtnis“, in dem Jung und andere eine Art von Archiv gesehen haben, in dem die Erfahrungen aus unse-

rer fernsten Vergangenheit aufgespeichert sind, kann uns hier nicht weiterhelfen.

Es ist wenig mehr als ein Jahrhundert her, daß Fossilien wie die des Pekingmenschen plötzlich Wichtigkeit und Bedeutung erlangten und daß sie einen sich immer mehr erweiternden Ausblick auf die Vergangenheit des Menschen und den Weg zu seinem heutigen Zustand eröffneten.

Schon seit Jahrtausenden hatte der Mensch Fossilien und roh bearbeitete Steinwerkzeuge gefunden. Mit ihrer zufälligen Entdeckung konnte man aber kaum etwas anfangen, nicht mehr jedenfalls, als ein des Lesens und Schreibens unkundiger Wilder mit der gedruckten Seite eines Buches. Obwohl das sichtbare Faktum eines Steinwerkzeuges irgendeine Erklärung nötig machte – normalerweise sah man darin das Ergebnis eines Blitzschlags, die Arbeit eines Gottes oder, nach Lucretius, einen Überrest aus einer früheren Zeit –, wurden fossile Knochen im allgemeinen als die offensichtlichen Reste von Tieren, die keinerlei Interesse weckten, weggeworfen, obwohl es einige wenige Fälle gibt, in denen einige ganz einfach wegen ihrer Merkwürdigkeit aufbewahrt und verehrt wurden.

Es hat bis in das achtzehnte Jahrhundert gedauert, bis endlich Geologen und Paläontologen animalische Fossilien als das erkannten, was sie wirklich waren; bis zum Ende des Jahrhunderts und in der ersten Hälfte des neunzehnten hatten sie allmählich beträchtliche Einblicke in die Aufeinanderfolge der ausgestorbenen Organismen gewonnen, deren Vertreter diese Fossilien waren.

Das Verständnis, daß auch der Mensch in früheren Erscheinungsformen ausgestorben sein und versteinerte Vorläufer haben konnte, bot sich diesen Pionieren in der Aufdeckung des Lebens nicht gleich von Anfang an. Was wir jetzt als das erste menschliche Fossil kennen, das ausgegraben und erhalten wurde, war der Gibraltarmensch, der 1848 ans Tageslicht gefördert wurde. 1856 folgte ihm dann der Neandertaler. Obwohl der Fund des Gibraltarmenschen veröffentlicht wurde, erweckte die Nachricht nur wenig Interesse. Es gab ja keinerlei wissenschaftlichen Bezugsrahmen, innerhalb dessen man die Bedeutung des Fundes hätte beurteilen können. Dieses Versagen erinnert an die Vernachlässigung von Mendels fundamentalen Entdeckungen in der Genetik, bis das Wissen ein Stadium erreicht hatte, wo man ihren wahren Wert erkennen konnte. Dann freilich dienten sie als Grundlage für eine erstaunliche und rasche Reihe von Entwicklungen.

Auch die Entdeckung des Neandertalers war auf ähnliche Weise bereits auf dem Weg, in Vergessenheit zu geraten. Seine Auffindung hatte freilich etwas mehr Interesse geweckt und mehr Spekulationen veranlaßt als die Entdeckung des Gibraltarmenschen. Rudolf Virchow, einer der führenden Pathologen seiner Zeit, ein Mann, der in der europäischen medizinischen Welt hoch geachtet war, hatte jedoch erklärt, die besondere Form und die Struktur des Fossils deuteten keineswegs auf eine ausgestorbene primitivere Form des Menschen hin, es handle sich dabei lediglich um pathologische Formen des modernen Menschen. Erst nach der Veröffentlichung von Darwins „Über die Entstehung der Arten durch natürliche Zuchtwahl" im Jahre 1859 richtete sich die Aufmerksamkeit auf die Möglichkeit, daß auch der Mensch fossile Spuren seines Weges durch die Zeiten und die Entwicklung hinterlassen haben könnte, genauso wie das bei allen anderen Formen des Lebens der Fall war. Die Entdeckungen des Gibraltarmenschen und des Neandertalers gewannen jetzt urplötzlich an Bedeutung, man zitierte sie jetzt schnell als Beweis dafür, daß der Mensch nicht ein für allemal so geschaffen wurde, wie er jetzt ist, sondern daß er einige Stadien einer immer weiter fortschreitenden Entwicklung durchgemacht habe. Wenn man nun diese Stadien in ihren versteinerten Überresten des frühen Menschen und seiner Vorläufer aufspüren konnte, so mußte uns das in seine Herkunft von irgendeiner Primatenform zurückführen.

Thomas Henry Huxley, der Großvater von Aldous und Julian Huxley, hatte sich schon sehr früh zu Darwins Entwicklungstheorie bekannt und wurde bald einer ihrer Hauptpropheten. Als er das Neandertal-Fossil untersucht hatte, war er tief beeindruckt und beschrieb es als affenartig und völlig von jedem lebenden Menschen verschieden. Heute, im Licht unseres jetzigen Wissens und aus unseren Erfahrungen mit einer verhältnismäßig üppigen Sammlung von menschenartigen oder hominiden Fossilien, die sich über mindestens 4 bis 5 Millionen Jahre, möglicherweise sogar über zehn Millionen und mehr erstrecken, wenn wir zwei etwas kontroverse Fossilien akzeptieren – heute ist der Neandertaler für die meisten Spezialisten eine alles andere als affenartige Erscheinung.

Wie man den Neandertaler aber auch bewerten mag, seine Anerkennung als Fossil und als eine erloschene Form des Menschen erweckte großes Interesse und zwar nicht nur in paläontologischen und anthropologischen Kreisen, sondern genausogut in der breiten Öffentlichkeit. Von diesem Zeitpunkt an wurden Entdeckungen dieser Art immer informativer, man machte immer größere Anstrengungen, neue Funde ans Tageslicht zu bringen.

Bis zum Ende des neunzehnten Jahrhunderts wurden immer wieder sporadische Funde von fossilen Menschen gemeldet, und alle diese Typen von Vorläufern des *Homo sapiens* gehörten samt und sonders der Kategorie des Neandertalers an. Obwohl sie die Existenz dieses Vorläufers des modernen Menschen bestätigten und die Vielzahl seiner Variationen deutlich machten, warfen sie doch nur wenig oder gar kein Licht auf die lange Reihe der dem Neandertaler vorausgegangenen Formen, die zurück bis in den Anfang der Hominidenlinie führten.

1891/92 gelang es Dr. Eugène Dubois, einem holländischen Arzt, der im Regierungsdienst auf Java arbeitete, mit seiner Entdeckung fossiler Reste schließlich tief in die Vergangenheit einzudringen. Seinem Fund gab er den Namen *Pithecanthropus*

*erectus.* Dubois hatte sich Java als Arbeitsgebiet ausgesucht, weil er überzeugt war, daß die Insel ein reiches Feld für die paläontologische Forschung bieten würde. Seine Vermutung erwies sich als richtig. Die erste große fossile Entdeckung außerhalb von Europa, über die er schrieb, bestand aus einer Schädeldecke, mehreren Zähnen und einem Oberschenkelknochen. Die Schädeldecke erwies sich, so bruchstückhaft sie auch war, mit der des *Homo sapiens* verglichen, entschieden als zu primitiv. Der Neandertaler stand den Maßstäben des modernen Menschen viel näher. Auf der anderen Seite war es aber genau so offenkundig, daß sich der *Pithecanthropus* ein ganz beträchtliches Stück aus dem affenartigen Niveau weiterentwikkelt hatte, das man damals als eine Art Basis benützte, von der aus man die menschlichen Veränderungen maß. Die Gehirngröße des *Pithecanthropus* lag beispielsweise beträchtlich sowohl unter der der modernen Menschen wie auch der der Neandertaler-Populationen; sie war aber etwa doppelt so groß wie die der großen anthropoiden (Menschen-)Affen. Der Schädel war ganz eindeutig flach mit einer nur wenig oder überhaupt nicht ansteigenden Stirn, aber mit Wülsten über den Augen, die von einer schweren Knochenstruktur eingefaßt waren.
Diese primitiven und affenartigen Züge rechtfertigten den Namen *Pithecanthropus,* der aus dem Griechischen für „Affenmensch“ übernommen wurde. Das „erectus“ (aufrecht) wurde hinzugefügt, weil das Oberschenkelbein, das in der Nähe der Schädeldecke gefunden wurde, von dem des modernen Menschen nicht zu unterscheiden war. Seine Form und seine Größe deuteten ganz eindeutig darauf hin, daß er voll für eine aufrechte Haltung und einen Gang auf zwei Beinen geeignet war. Das Oberschenkelbein des *Pithecanthropus* war in der Tat so menschlich, daß es einigen Fachleuten der damaligen Zeit überhaupt nicht zu einem so affenartigen Schädel zu passen schien. Zu einer Zeit, als nur eine Handvoll menschlicher Fossilien bekannt war, die zudem hauptsächlich von Neandertalern

stammten, lief die Erwartung darauf hinaus, daß die Fossilienfunde eine in Wechselbeziehung stehende Reihe allmählicher und harmonischer Veränderungen in allen Teilen des Körpers aufzeigen würden. So erwartete man eine fortschreitende Anpassung an eine aufrechte Körperhaltung und zwar im Gleichtakt mit einer vergleichsweisen Steigerung der Gehirngröße. Hier war ein Geschöpf, das aufrecht stand und genauso ging wie wir es heute tun, aber mit einem bemerkenswert primitiven und affenartigen Schädel und einem Gehirn, das wenig mehr als halb so groß war wie unser eigenes. Diese scheinbare Unlogik ließ einige Wissenschaftler schließlich die Auffassung vertreten, das Oberschenkelbein gehöre nicht zu dem Schädel und es sei lediglich ein Zufall, daß sie nebeneinanderliegend gefunden wurden. Im Licht jüngerer Entdeckungen von Überresten von noch früheren Hominiden wissen wir heute jedoch, daß die menschliche Entwicklung einem Weg gefolgt ist, den Earnest Hooton einmal „asymmetrisch" genannt hat. Das will sagen, daß die aufrechte Haltung und die Gangart einen menschengleichen Charakter annahmen, während das Gehirn zurückblieb und nicht die Größe des *Homo sapiens* erreichte.
Eine Erklärung dafür ist, daß das Anwachsen der Gehirngröße eine Reaktion auf die Stimuli und den Druck spiegelt, den die neue Körperhaltung in Gang setzte und deshalb der Anpassung an die aufrechte Gangart folgen mußte. Mehr noch, eine chemische Analyse des Fluorgehalts von Schädel und Oberschenkelbein bewies, daß beide gleich alt waren. Man nimmt jetzt allgemein an, daß der *Pithecanthropus erectus* trotz seiner etwas primitiven Gehirnmasse voll aufgerichtet war.
Im frühen zwanzigsten Jahrhundert tauchten in verschiedenen europäischen Fundstätten eine ganze Anzahl weiterer Spuren des Neandertalers auf und trugen dazu bei, die Einzelheiten eines bereits bekannten Typs zu bereichern. Dann aber sollten weitere dreißig Jahre vergehen, ehe man eine neue Entdeckung aus der Vergangenheit des Menschen machte, die genau so alt

und genau so bedeutungsvoll war: ein neues Zeitalter der fossilen Bereicherung nahm seinen Anfang.

Dieses neue Kapitel begann mit zwei fast gleichzeitigen Funden, von denen der eine in Südafrika und der andere in China gemacht wurde, obwohl bisher keines dieser Fundländer Fossilien aufgewiesen hatte, die für die Entwicklung des Menschen von Interesse waren.

Die Entdeckung in Südafrika war der inzwischen berühmt gewordene *Australopithecus africanus* – es war das Jahr 1925, in dem Professor Raymond Dart sein Wiederauftauchen nach einer Million Jahren, die er in der Nähe von Taungs unter der Erde gelegen hatte, bekanntgab. Obwohl dieser *Australopithecus* noch nicht erwachsen gewesen war – die meisten seiner Milchzähne waren noch intakt – weiß man jetzt durch zahlreiche verwandte Fossilien, daß Dart einen Vertreter der ältesten Hominiden oder menschenähnlichen Geschöpfe in den Händen hatte, die man bis dahin kannte. Was aber auch Dart für sich privat gedacht haben mag, er war noch nicht darauf vorbereitet, diese Rolle für den Neuling auf der wissenschaftlichen Bühne bekanntzumachen. Obwohl er sehr vorsichtig auf die eigenartigen hominiden Züge seines Fundes hinwies, bedeutete der Name, den er ihm auf Griechisch gab „der südliche Affe oder Menschenaffe aus Afrika". Erst beträchtliche Zeit später kam er darauf, das Recht des *Australopithecus* zu verteidigen, nahe der Wurzel der menschlichen Entwicklungslinie plaziert zu werden.

Die bedeutenden Fachleute der damaligen Zeit, wie etwa Sir Arthur Keith, ermutigten ihn wahrlich nicht dazu. Und noch 1931 ließ Earnest Hooton, einer der führenden naturwissenschaftlichen Anthropologen in den Vereinigten Staaten, als er sein Meisterwerk „Up from the Ape" (Vom Affen aufwärts) veröffentlichte, den *Australopithecus* als einen möglichen Vorläufer der menschlichen Linie aus. Heute werden dieser Fund und all die anderen *Australopithecinen*, die seit Darts Ankündigungen aufgefunden wurden, von den Fachleuten ganz allgemein als die Vertreter eines sehr frühen Stadiums in der hominiden Linie angesehen.

Als dann, fast um die gleiche Zeit, Davidson Black in Peking einen Backenzahn als zu einem neuen Typ eines primitiven Menschen gehörig identifizierte, wurde seine Veröffentlichung völlig anders aufgenommen. Black nannte sein neu entdecktes Fossil *Sinanthropus pekinensis* – den Chinesenmenschen von Peking – und dieser als „Chinese" nahm das Interesse der ganzen Welt in Anspruch und zwar nicht nur das von Anthropologen und anderen Wissenschaftlern, die sich mit dem Studium der menschlichen Entwicklung befaßten, sondern auch das der großen Öffentlichkeit. Die New York Times berichtete über diese und auch die folgenden Entdeckungen; es war die Zeit nach dem Scopes-Prozeß und die Evolution war gerade ein „heißes" Thema. Sehr bald wurde es offenkundig, daß der Pekingmensch eine deutlich unterschiedene und bezeichnende Form des frühen Menschen darstellte und daß die Population, die er repräsentierte, ihren Platz in der Entwicklungslinie hatte, die zum modernen Menschen führt. Der einzige Typ, der allgemein als noch früher und entschieden noch primitiver anerkannt wurde, war der *Pithecanthropus* aus Java. Die Entdekkung, die man im vorhergehenden Jahr in Südafrika gemacht hatte, hatte diese Einstufung noch nicht herausgefordert.

Die Geschichte, wie der Pekingmensch überhaupt gefunden wurde, ist an sich höchst interessant. Schon seit einigen Jahren war es bei den Paläontologen in China eine allgemein bekannte Tatsache, daß die Apotheken in einer chinesischen Stadt ein wahrscheinlicher Platz waren, wo man versteinerte Fossilien finden konnte. Hierher brachten die chinesischen Bauern nämlich die „Drachenknochen" zum Verkauf, die sie dann und wann auf ihren Feldern fanden. Was die Bauern nicht wußten – und nicht wissen konnten, sehr wohl aber die Paläontologen – war, daß diese sogenannten Drachenknochen die Fossilien aus-

gestorbener Tiere waren. Jahrhundertelang schon hatten diese „Drachenknochen“ ihren anerkannten Platz in der traditionellen Pharmazie Chinas. Sie waren auch ihrer medizinischen Eigenschaften wegen stark gefragt. Anders als im Westen hielt man den Drachen in China für ein wohltätiges Tier und für eine Gottheit, die über die Flüsse, die Seen und den Regen herrschte. Überall im Land gab es Tempel, in denen der Drache verehrt wurde; vor allem in Perioden der Trockenheit suchte man seine Hilfe. Schon sehr früh in der chinesischen Tradition war der Drache zum Symbol des vollkommenen Menschen, des Sohns des Himmels, des Kaisers geworden. Drachen schmückten den Thron und das kaiserliche Banner, sie wurden in Stein gehauen, um damit öffentliche Plätze zu zieren. Zwei legendäre Kaiser sollen sogar der chinesischen Sage nach in der Umarmung von Drachen empfangen worden sein.*
Die Folge war, daß Drachenknochen und Drachenzähne außerordentlich geschätzt wurden. Schon im fünften Jahrhundert n. Chr. gab es ausführliche Rezepte für ihre Verwendung. So empfahl beispielsweise Lei Hiao (420–477) Drachenknochen von fünf Farben als die besten; die von schwarzer Farbe seien hingegen am wenigsten wünschenswert. Die Knochen, die von Frauen gesammelt wurden, bezeichnete er als wertlos. Die Knochen wurden wie folgt zubereitet:

„Zuerst koche man einige aromatische Kräuter. Man wasche den Knochen in heißem Wasser, dann mahle man ihn zu Pulver und gebe das Pulver in Beutel aus dünnem Stoff. Schließlich nehme man zwei junge Schwalben und stopfe, nachdem man ihre Eingeweide entfernt hat, die Beutel in die Schwalben und hänge sie über eine Quelle. Nach Ablauf einer Nacht nehme

* Children of the Yellow Earth (Kinder der gelben Erde) J. Gunnar Andersson, 1934. Für diese Informationen über Drachenknochen und andere Umstände der Entdeckung des Pekingmenschen bin ich Dr. Andersson zu aufrichtigem Dank verpflichtet.

man die Beutel aus den Schwalben, entferne daraus das Pulver und mische es mit einem Präparat zur Kräftigung der Nieren; die Wirkung einer derartigen Medizin ist so, als ob sie vom Himmel stamme."

Bis in die zwanziger Jahre dieses Jahrhunderts war dieses Rezept bedeutend vereinfacht worden. Ein chinesischer Apotheker sagte J. G. Andersson, einem bekannten schwedischen Geologen, man müsse den Knochen oder den Zahn lediglich pulverisieren und das Pulver in eine Tasse Tee schütten. Das Medikament habe eine so weitreichende Wirkung auf eine Vielfalt von Beschwerden, daß man es schwerlich ein Spezifikum nennen könne. Es wurde gegen Ruhr, Gallensteine, Fieber, Paralyse, Frauenkrankheiten, Malaria, Lebererkrankungen und viele anderer Beschwerden verordnet. Ja man nahm sogar an, daß es „Unrast des Herzens und seelische Unruhe" beschwichtigen könne. Wenn man die starke Nachfrage nach einem so himmlischen Heilmittel in Betracht zieht, muß man sich wahrlich wundern, daß überhaupt noch Fossilien für die Paläontologen übrigblieben. Sicher ist jedenfalls, daß diese Verwendung große Mengen wertvollsten Materials zerstört hat.
Einer der ersten, der aus dieser bizarren Quelle für Fossilien Nutzen gezogen hat, war Dr. K. A. Haberer, ein deutscher Naturforscher. Professor Max Schlosser berichtete im Jahre 1903 von dessen Ankäufen von Drachenknochen in den Apotheken zahlreicher chinesischer Städte. Eines dieser Fossilien war ein Zahn, bei dem Schlosser nicht wußte, ob er ihn einem Affen oder einem Menschen zuordnen sollte. Weiter wurde aber aus dieser Entdeckung nicht viel gemacht; es dauerte volle dreiundzwanzig Jahre, bis man den Zahn als einen Hinweis erkannte, den man bisher übersehen hatte. Das Beispiel illustriert deutlich die Tatsache, daß Fossilien, die man aus zweiter oder dritter Hand in Drogerien oder Apotheken kauft, nur einen begrenzten Wert besitzen. Ihnen fehlte ja die Doku-

mentation, die unbedingt nötig ist, um sie hinsichtlich der Zeit und ihrer Verbindung zu anderen Lebensformen einstufen zu können.

Dieses allgemeine Wissen bei den ausländischen Geologen und Paläontologen, die im frühen zwanzigsten Jahrhundert in China tätig waren, veranlaßte aber den Geologen J. Gunnar Andersson, die Drogerien als eine Informationsquelle über die Fossilien Chinas heranzuziehen. 1914 war er von der chinesischen Regierung damit beauftragt worden, die Kohle- und Erzvorkommen des Landes zu untersuchen und als Berater für Bergbau und geologische Probleme zu fungieren. Ganz offensichtlich war er ein Mann von großer Energie, von starken Überzeugungen und sehr vielseitigen Interessen. Genauso wichtig war es auch, daß er es verstand, herzliche Beziehungen und eine gute Zusammenarbeit nicht nur mit seinen Wissenschaftler-Kollegen, die in China arbeiteten, sondern auch mit den chinesischen Beamten herzustellen, die seine Arbeit unterstützten.

Anderssons Interessen an der Vergangenheit Chinas erweiterten sich schnell. Er hat in seinen Aufzeichnungen vermerkt, daß er bereits 1917 damit begann, die Drogerien nach Hinweisen auf Fossilien aktiv auszunützen. In jenem Jahr überredete er die Geologische Landesvermessung Chinas, vielversprechende Gebiete für eine paläontologische Untersuchung dadurch festzustellen, daß man die Wege des Drachenknochenhandels bis an ihre Ursprünge zurückverfolgte. Man verteilte Rundschreiben an Missionsstationen und an verschiedene Persönlichkeiten, von denen man annahm, daß sie über derartige Tätigkeiten Bescheid wüßten. Diese Strategie erwies sich insofern als erfolgreich, als sie Andersson und seinen Kollegen eine ganze Anzahl reicher Fundstätten eröffneten. Aus ihren Bemühungen entstand so eine ansehnliche Literatur, die neuen umfangreichen Wissensstoff über die organische Vergangenheit Chinas enthielt.

Andersson war sich natürlich auch vollständig der Tatsache bewußt, daß viele der Fossilien in die Apotheken Pekings gerieten. Es wird ihm wohl auch bekannt gewesen sein, daß viele davon von den Bauern um Chou Kou Tien, eine Stadt etwa fünfzig Kilometer südwestlich von Peking, ausgegraben wurden. Er war auf jeden Fall mit diesem Gebiet vertraut, weil er dort geologische Untersuchungen vorgenommen hatte.

Im Jahre 1918 wurde er jedoch durch einen Bericht von J. McGregor Gibb, Professor der Chemie an der Universität Peking, der dort einige Fossilien gefunden hatte, nach Chou Kou Tien gelockt. Diese Fossilien stammten von einer Stelle, die als „Hühnerknochenhügel" bekannt war. Offensichtlich handelte es sich um typische hohle Vogelknochen (Röhrenknochen). Am 22. und 23. März 1918 stattete Andersson Chou Kou Tien einen weiteren Besuch ab, um Gibbs Funde näher zu untersuchen. Der Hühnerknochenhügel – auf chinesisch Chi Ku Shan – erwies sich als ein Pfeiler aus rotem Lehm, der am Fuß eines alten Kalksteinbruchs aufragte. Andersson zog den Schluß, daß der Lehm eine alte Füllung einer Spalte in dem ursprünglichen Kalkstein darstellte. Als die Ortsbewohner den Kalkstein abbauten, um ihn durch Brennen in Kalk umzuwandeln, hatten sie die für sie nutzlose verhärtete Lehmfüllung stehen lassen, wohl wegen eines lokalen Aberglaubens, daß darin böse Geister hausten. Bei einer Untersuchung stellte sich heraus, daß in dem Lehm eine große Menge von Vogelfossilien eingebettet war, die allerdings nur von geringem wissenschaftlichen Interesse waren.

Anderssons Überzeugung, daß Chou Kou Tien eine reiche Fossilienfundstätte sei, wurde 1921 neu belebt. Sein Interesse an der Paläontologie wuchs immer mehr; er wurde sich sehr schnell bewußt, daß er einen gut ausgebildeten und fähigen Assistenten für die Arbeit an den Fundstätten brauchte. Es gelang ihm, einen jungen österreichischen Paläontologen, Otto Zdansky, dazu zu überreden, in diesem Sommer nach China zu kommen. Obwohl Zdansky weite Reisen kreuz und quer durch China unternahm, eine große Zahl von Fundstätten erkundete und eine Reihe wichtiger Entdeckungen veröffentlichte, begann er seine paläontologischen Ausgrabungen in China in Chou Kou Tien. Etwa um die gleiche Zeit war Dr. Walter Granger, ein hervorragender Paläontologe vom Amerikanischen Museum für Naturgeschichte in New York City nach Peking gekommen. Er hatte den Auftrag, die Vorbereitungen für Roy Chapman Andrews berühmte zentralasiatische Expedition in die Mongolei in den 1920er Jahren zu treffen. Auf Grund einer vorausgehenden Vereinbarung mit der chinesischen Regierung hatte Granger keine Erlaubnis, selbst im eigentlichen China wissenschaftlich zu arbeiten. Das schloß jedoch nicht aus, daß er den chinesischen Untersuchungen, die von Andersson geleitet wurden, seinen Rat und Beistand lieh. Tatsächlich wurde Granger später auch von Andersson wie von Zdansky wegen einer Anzahl von Identifizierungen der Fauna sowie wegen neuer Arbeitstechniken konsultiert.

Bei dieser Gelegenheit brannte Andersson darauf, Grangers Rat und Fachwissen bei den Ausgrabungen Zdanskys in Chou Kou Tien verfügbar zu machen. Er brachte es daher zuwege, daß ihn Granger dorthin begleitete. Granger war sich sehr wohl bewußt, daß Chou Kou Tien eine wahre Schatzkammer für Drachenknochen war; von ihm habe ich schließlich – Jahre später – zuerst erfahren, daß Paläontologen die Drogerien und Apotheken Pekings durchstöberten und dort nach fossilen Raritäten suchten. Nach ihrer Ankunft trafen sich Granger und Andersson mit Zdansky. Sie setzten die Untersuchungen am Hühnerknochenhügel fort, als sie von einem Einheimischen angesprochen wurden, der ihnen sagte: „Es hat keinen Sinn, hier noch länger zu bleiben. Nicht weit von hier ist ein Platz, wo ihr viel größere und bessere Drachenknochen sammeln könnt." Andersson, der für jeden Hinweis auf Drachenknochen sehr empfänglich war, befragte seinen chinesischen Informanten mit größter Vorsicht. Von der augenscheinlichen Zuverlässigkeit des Mannes war er so beeindruckt, daß er sich sofort dazu entschloß, seinem Rat zu folgen. Die drei Wissenschaftler packten ihre ganze Ausrüstung zusammen und folgten ihrem Informanten zu dem empfohlenen Platz in einem nahe gelegenen verlassenen Steinbruch. Im Verlauf einer senkrechten Wand im Rund des Steinbruchs, die nach Norden schaute, konnten sie leicht eine tiefe waagerechte Spalte etwa neun Meter über dem Boden sehen. Sie war etwa 1,50 Meter bis 1,80 Meter hoch und mit Bruchstücken von Kalkstein, Lehm und den Knochen großer Tiere ausgefüllt. Diese Füllung war insgesamt mehr oder weniger verfestigt. Auf der einen Seite der waagerechten Spalte befand sich eine weitere, die sich wie eine Wurzel senkrecht nach unten erstreckte. Das war die Stelle, die der chinesische Informant den drei Wissenschaftlern für die Suche nach Drachenknochen empfahl. Ihr chinesischer Name lautete Lao Niu Kou.

Andersson berichtet, daß sie in einer sehr kurzen Zeitspanne die Kiefer eines Schweins und eines Hirschs fanden und am nächsten Tag eine noch reichlichere Ausbeute, darunter Rhinozeroszähne und die Kieferknochen von Hyänen und Bären. Jetzt wußten sie, daß sie fündig geworden waren. Sie hatten nun eine ausgezeichnete Gelegenheit, eine reiche Sammlung ausgestorbener Tiere zusammenzubringen, die ein Licht auf die Entwicklung der Säugetierfauna in China werfen konnte. In dieser Nacht tranken sie einen Toast auf ihre zukünftigen Erfolge.

Nach ein oder zwei weiteren Tagen, die Granger die Zeit ließen, Zdansky in der neuen Ausgrabungstechnik zu unterweisen, die er selbst entwickelt hatte, blieb Zdansky allein in Chou Kou Tien zurück. Mehrere Wochen lang erkundete er dann die Spalten von Lao Niu Kou. Er beendete sein erstes Forschungsjahr im Spätsommer 1921; er hatte nur tierische, in erster Linie Säugetier-Fossilien gefunden. Die Ergebnisse wurden sofort im Bulletin der Geologischen Vermessung Chinas veröffentlicht.

Zwei Jahre später war Zdansky auf Ersuchen Anderssons wieder nach Chou Kou Tien zurückgekehrt. Andersson hatte ihm seine Überzeugung geschildert, daß noch mehr als nur Säugetierfossilien in den Füllungen der alten Höhlen und Spalten des Kalksteinhügels verborgen sein müßte.

Die Beute war dieses Mal außerordentlich reich; sie bestand aus mindestens zwanzig Gattungen, die damals bis an den Beginn des Pleistozän, also einer Zeit vor mehr als einer Million Jahren, zurückdatiert wurden. Unter ihnen waren Großkatzen genau so wie Rhinozerosse, Pferde, Bären, Hyänen, Säbelzahntiger, Büffel, Dingos, Biber, Hasen und sogar Wölfe. Die meisten Gattungen, die man fand, waren ausgestorben, obwohl einige wie etwa Rehe, Bären und Hunde von ihren modernen Spielarten nicht allzu verschieden waren. Die vielleicht wichtigste Entdeckung wurde allerdings erst drei Jahre später, im Jahre 1926 bekannt. Die Fossilien, die bei diesen Feldexpeditionen ausgegraben wurden, waren nach Schweden, nach Uppsala, gesandt worden, wo man ein Laboratorium eingerichtet hatte, um sie zu präparieren und zu studieren.

1926 schrieb Andersson an Professor C. Wiman, der dieses Laboratorium leitete, und bat ihn, ihm alle wichtigen neuen Resultate zu schicken, die sich aus den damals laufenden Arbeiten ergaben. Andersson hatte den Wunsch, bei der wissenschaftlichen Tagung am 22. Oktober dieses Jahres, die er zu Ehren des Kronprinzen und der Kronprinzessin von Schweden arrangiert hatte, eine bedeutsame Ankündigung machen zu können. Das schwedische Kronprinzenpaar befand sich damals auf einer Weltreise und weilte um diese Zeit in China.

Wiman antwortete natürlich mit neuen Details über den *Helopus,* einen Dinosaurier, den Andersson und seine Assistenten in Schantung aufgefunden hatten, sowie mit Berichten über eine ungewöhnliche Art einer fossilen Giraffe und ein Rüsselpferd. Gleichzeitig mit diesen interessanten Informationen erhielt Andersson auch eine Mitteilung von Zdansky, die eine Sensation bedeutete und den Stoff für die Ankündigung lieferte, die Andersson machen wollte.

Zdansky schrieb, daß er zwei Zähne, einen Molar (Backenzahn) und einen Prämolar (Vorbackenzahn-Bikuspidat), aus den Grabstellen von Chou Kou Tien besitze. Den Backenzahn hatte er an der Fundstätte als möglicherweise einem anthropoiden Affen zugehörig identifiziert. Den Bikuspidat hatte er erst nach seiner Rückkehr nach Uppsala in Schweden in seiner Sammlung entdeckt. Das warf augenscheinlich ein völlig neues Licht auf die Identifizierung der Zähne. Als Ergebnis weiterer Untersuchungen berichtete er, daß sie menschenartig seien; er wies sie dem *Homo sapiens* zu.

Für Andersson war es eine Stunde größten Triumphs, als er vor einer Schar ausgezeichneter Gäste – zu denen die führenden Wissenschaftler gehörten, die damals in China arbeiteten –, bekanntgab, daß die Zähne, über die Zdansky berichtet hatte, seiner Meinung nach hominid, also menschenartig waren. Er erklärte weiter, daß die Beweisstücke, obwohl sie noch unvollständig waren, die ganze Arbeit gerechtfertigt hätten, die er und seine Kollegen über ein Jahrzehnt lang in China geleistet hatten.

Für seine Zuhörer, die mit dem Alter der Ablagerungen von Chou Kou Tien durchaus vertraut waren, war das eine erstaunliche Ankündigung. Einige reagierten allerdings auch negativ. Insbesondere erhielt Andersson einen Brief von Père Teilhard de Chardin, der sich sehr vorsichtig äußerte.

Père Teilhard, der jetzt in intellektuellen Kreisen wegen seiner Auslegung der Evolution und der Richtung, die sie in Zukunft nehmen wird, weltweiten Ruhm erworben hat, befand sich damals in China und führte dort zusammen mit seinem jesuitischen Ordensbruder und wissenschaftlichen Kollegen Père Licent wichtige Feldstudien durch. Seit 1914 suchte Père Licent, genauso wie Andersson nach Fossilien und folgte jedem Hinweis, den er erhielt. Diese wissenschaftliche Forschung und Erkundung erfolgte in der Tradition seiner jesuitischen Vorgänger, die seit ihren ersten Kontakten mit China überaus umfangreiches Material über das Leben in China gesammelt und wissenschaftliche Arbeiten durchgeführt hatten. 1922 war Père Licent derart in diese Aufgaben vertieft, daß er um Helfer bat, um den möglicherweise sehr wertvollen Hinweisen, die er erhalten hatte, folgen zu können. Aus diesem Grund lud er Père Teilhard ein, sich an seinen chinesischen Studien zu beteiligen. Père Teilhard war in Paläontologie gründlich ausgebildet, er hatte auf seinem Fachgebiet auch bereits einige bedeutsame Arbeiten veröffentlicht. Sein Interessengebiet war so umfangreich, daß es auch den fossilen Menschen und die Archäologie einschloß. Unter anderem hatte er sich sehr eingehend für die Entdeckung des Piltdown-Menschen in England interessiert; über dieses Thema hatte er auch geschrieben.

Seine Evolutionsstudien, die grundlegend für seine ganze wissenschaftliche Arbeit waren, hatten für ihn Probleme innerhalb der Kirche geschaffen. Als ich Père Teilhard vor etwa vierzig Jahren zum ersten Mal traf, erwähnte er derartige Schwierigkeiten mit keinem Wort. Später allerdings, als ich ihn besser kennengelernt hatte, enthüllte er mir einige der Spannungen, unter denen er sehr gelitten hatte. Zu den Disziplinarmaßnahmen, die er erdulden mußte, gehörte auch das Verbot, Messen zu lesen. Ich erinnere mich an eine Gelegenheit, als er mir mit kaum verhehlten Jubel die Sonderaudienz schilderte, die ihm vom Papst im Vatikan gewährt worden war. Man hatte ihn gerufen, um die Möglichkeiten einer Umkehr der traditionellen feindseligen Haltung der Kirche gegenüber der Evolution zu erörtern. Nach einem herzlichen und teilnehmenden Empfang war er mit dem deutlichen Gefühl weggegangen, daß die Kirche endlich seine Studien zur Evolution nicht mehr mit einem Stirnrunzeln betrachten und daß seine eigenen Schwierigkeiten nun ein Ende finden würden. In seinem Optimismus erklärte er, daß er in nächster Zeit eine päpstliche Enzyklika erwarte, die praktisch die Gültigkeit der Evolution akzeptiere. Die Enzyklika, die schließlich veröffentlicht wurde, ging jedoch nicht so weit, wie Père Teilhard ernstlich erhofft hatte; bis zu einem gewissen Grad bestätigte sie jedoch die Legitimität des Studiums der Evolution, der er einen so großen Teil seines Lebens gewidmet hatte.

Ganz abgesehen von seiner hervorragenden wissenschaftlichen Leistung war Père Teilhard auch rein äußerlich eine imponierende Erscheinung. Ich erinnere mich, daß mich bei unserer ersten Begegnung sein hageres knochiges Gesicht mit der Adlernase an die Skulpturen mittelalterlicher Ritter erinnerte, wie man sie auf den Sarkophagen in alten französischen Kirchen sehen kann. Auch seine ganze Art war von einem ungewöhnlichen Charme. Gegen Ende seines Lebens verbrachte er lange Zeit in New York City, wo er viele enge Freunde hatte. Er unterhielt ein Büro im obersten Stockwerk der Wenner Gren Foundation an der East 71st Street. Begraben ist er auf dem Gelände des Maristenseminars nahe dem Hyde Park am Hudson.

1926 hatte Père Teilhard bereits eine Reihe von Ausgrabungen im Ordos-Gebiet in Westchina beendet und dort Spuren des paläolithischen Menschen entdeckt. Seine Autorität war damals bereits wohlbegründet, deshalb hätte sein Brief an Andersson nach dessen erster Ankündigung eines hominiden Fundes in Chou Kou Tien jemand, der weniger Zuversicht besaß, sicherlich ziemlich verunsichert. Père Teilhard schrieb:

„Ich habe viel über die Fotografien nachgedacht, die Sie mir freundlicherweise zeigten, und ich habe das Gefühl, daß es nicht richtig und noch viel weniger freundschaftlich wäre, wenn ich Ihnen vorenthielte, was ich davon denke.

Um es vorweg zu sagen, ich bin von ihrem vorgeblich menschlichen Charakter nicht voll überzeugt. Selbst der für wurzellos gehaltene Prämolar, der auf den ersten Blick am überzeugendsten wirkte, kann einer der letzten Molare eines Fleischfressers sein, und das gleiche gilt auch von dem anderen Zahn, falls die Zahl der Wurzeln nicht einwandfrei vier beträgt. Selbst wenn, was ich aufrichtig hoffe, nie bewiesen werden kann, daß die Chou Kou Tien-Zähne einem Raubtier gehören, fürchte ich, daß es nie mit absoluter Sicherheit nachgewiesen werden kann, daß sie menschlich sind. Es ist daher notwendig, hier sehr vorsichtig zu sein, da ihre Natur unbestimmt ist.

Ich habe die Funde jedoch nicht selbst gesehen, und da ich zu Zdanskys paläontologischer Erfahrung großes Vertrauen hege, hoffe ich ganz intensiv, daß sich meine Kritik als unbegründet erweisen wird. Ich hatte lediglich den Wunsch, zu Ihnen völlig offen zu sein."

Während ich diese Worte Père Teilhards, die vor fast fünfzig Jahren geschrieben wurden, wieder zitiere, kommt mir die lebendige Erinnerung an seine Ehrlichkeit und Fürsorge sowie seine durch ein angeborenes Zartgefühl geminderte Geradheit wieder in den Sinn. Père Teilhard war jedoch in dieser illustren Gesellschaft keineswegs der einzige, der Zweifel an dieser gewichtigen Ankündigung hegte. A. W. Grabau, ein weiterer hervorragender Paläontologe, der mit der Nationalen Geologischen Vermessung Chinas in Verbindung stand, hatte ähnliche Äußerungen getan.

Tatsächlich war das vielleicht die vorherrschende Reaktion in der ganzen Welt, als Professor Davidson Black vom Vereinigten Medizinischen Peking-College gegen Ende des Jahres 1926 gleichzeitig in dem britischen wissenschaftlichen Magazin „Nature" und im amerikanischen „Science" den Bericht über seine Untersuchungen an den Zähnen veröffentlichte, die ihm Andersson zu einer fachmännischen Beurteilung übergeben hatte. Blacks Schlußfolgerung lautete, daß sie hominid seien. Diese Identifizierung erhärtete eindeutig die Behauptung, daß Zdansky zum ersten Mal einen Beweis für die Existenz primitiver Menschen im vorgeschichtlichen China gefunden hatte. Mit den geo-

logischen Beweisen und den damit assoziierten fossilen Tieren war nämlich in ausreichendem Maß belegt, daß dieses Geschöpf, was es auch gewesen sein mag, vor sehr, sehr langer Zeit wirklich gelebt hatte. Black zitierte Anderssons und Zdanskys Ansicht, die auf der mit den Funden assoziierten Fauna basierte, daß dieser Mensch am Ende des Pliozäns gelebt haben könnte (Pliozän = jüngste tertiäre Erdepoche). Nach der damals gültigen Zeitfestsetzung hätte das „vor über einer Million Jahren" bedeutet. Black selbst war jedoch etwas zurückhaltender. Er sagte: „Im Licht der neuesten Forschungen ist es jedoch durchaus möglich, daß der durch diese Fundstätte repräsentierte Horizont dem unteren Pleistozän-Zeitalter angehören kann."
Diese Einordnung in die dem Pliozän folgende Erdepoche hätte das geschätzte Alter auf etwas weniger als eine Million Jahre herabgesetzt. Trotzdem erhielt der neue Fund dadurch ein sehr beträchtliches, Respekt heischendes Alter. In Blacks eigenen Worten hieß das so:

„Ob es sich dabei um einen Fund aus dem späten Tertiär [Pliozän] oder dem frühen Quartär [Pleistozän] handelt – die bedeutsame Tatsache bleibt bestehen, daß zum ersten Mal auf dem asiatischen Kontinent nördlich des Himalaja archaisches, hominides Fossilienmaterial gefunden wurde, das zudem von gesicherten Daten begleitet ist. Die tatsächliche Anwesenheit des frühen Menschen in Ostasien ist daher nicht mehr eine Frage der bloßen Vermutung."

Die Vermutung, auf die sich Black bezog, war eine damals aufgestellte Theorie, daß die Evolution des Menschen von einem Primatenvorfahren im Gebiet des Himalaja ausgegangen war. Ein Jahrzehnt früher hatte W. D. Mathews, ein führender Paläontologe am Amerikanischen Museum für Naturgeschichte, die Hypothese entwickelt und veröffentlicht, daß der Ursprungsort des Menschen und das Zentrum seiner Ausbreitung in diesem Gebiet zu suchen sei. Noch früher – und vielleicht wurden dadurch Mathews Überlegungen beeinflußt – hatte Henry Fairfield Osborn Schlußfolgerungen veröffentlicht, die darauf hindeuten, daß Zentralasien das Verbreitungszentrum für eine ganze Zahl von Faunafamilien sei. Diese Überzeugung war es in der Tat gewesen, die Roy Chapman Andrews vom Amerikanischen Museum für Naturgeschichte veranlaßt hatte, seine berühmten zentralasiatischen Expeditionen zu organisieren, die den mongolischen Raum nach Spuren des frühen Menschen untersuchen sollten. Andrews fand wohl eine Anzahl wichtiger Fossilien, einschließlich der berühmt gewordenen Dinosauriereier; Spuren des frühen Menschen zu entdecken, wollte ihm jedoch nicht gelingen.

Einer der Hauptgründe, warum dieses Gebiet möglicherweise reich an Hinweisen auf die menschliche Entwicklung sein mochte, war die Entdeckung ausgestorbener fossiler Affen in den Siwalik-Hügeln längs der Himalajagrenze. Einige davon waren *Dryopithecinen,* in denen Professor William K. Gregory und andere nicht nur mögliche Vorfahren der modernen Affen, sondern auch Verwandte der immer noch nicht entdeckten Primaten sahen, die der menschlichen Linie viel näherstehen. Augenscheinlich teilte Black Mathews Ansichten. Veröffentlichungen von ihm deuten in diese Richtung; seine Überlegungen gingen dahin, daß die Auffaltung des Himalajagebirges unzweifelhaft die Umgebung verändert hätten. Das wiederum konnte Anpassungsänderungen bei den örtlichen Primaten verursacht haben, die ihrerseits zur Entstehung einer hominiden Linie geführt haben mochten.

Obwohl Black ganz offensichtlich überzeugt war, daß die fossilen Zähne von Chou Kou Tien einer Form des primitiven Menschen von, wie es schien, höchst eindrucksvollem Alter gehörten, gab er diesem in seiner ersten Ankündigung weder einen Gattungs- noch einen spezifischen Namen. In den Kreisen der Paläontologen und Geologen, die damals in Peking arbeiteten, war er jedoch als der „Pekingmensch“ bekannt.

Für alle Beteiligten war es jetzt natürlich offenkundig geworden, daß eine äußerst intensive Fortsetzung der Arbeiten an der Fundstelle von Chou Kou Tien von entscheidender Bedeutung war. Wenn man bereits zwei hominide Zähne von so hohem Alter ausgegraben hatte, waren die Chancen ausgezeichnet, dort noch reichlichere und schlüssigere Fossilien finden zu können, denn bisher hatte man nur einen kleinen Bruchteil der „fündigen“ Schichten ausgewertet.

Andersson, der sofort ein Unternehmen im großen Maßstab vorgeschlagen hatte, wurde durch begeisterte Reaktionen auf seinen Vorschlag ermutigt, der sofort von der Geologischen Vermessung Chinas aufgenommen wurde. Diese arbeitete mit Black zusammen, der das Vereinigte Medizinische Peking-College repräsentierte. Die Rockefeller-Stiftung übernahm durch ihren Medizinischen Chinaausschuß die Verantwortung für die Finanzierung.

Für Davidson Black sollten diese Entdeckung und ihre Konsequenzen die Erfüllung vieler Jahre der Vorbereitung und der Forschung darstellen. Er war kurz nach dem Ersten Weltkrieg, in dem er als Captain im Kanadischen Sanitätskorps gedient hatte, nach China gegangen. Diese Übersiedlung bot ihm schließlich die Möglichkeit, die er schon seit einigen Jahren gesucht hatte, sich ganz seinen Interessen an der Anthropologie und an der Entwicklung des Menschen widmen zu können. Sie sprach auch seine tiefverwurzelte Abenteuerlust an, denn China war nicht nur ein weites unbekanntes und lockendes Land für viele junge Amerikaner, es war auch ein Gebiet, in dem noch große wissenschaftliche Pionierarbeit geleistet werden konnte.

Blacks frühere Erfahrung und seine Ausbildung hatte ihn vorzüglich für die Laufbahn vorbereitet, die er jetzt einschlagen wollte. Am 25. Juli 1884 in Toronto, Kanada, geboren, hatte er schon als Junge die Abenteuer und die Aufregungen ausgekostet, die die Erkundung der kanadischen Wildnis bot. Zu seinen frühen Erlebnissen gehörten Reisen zu den Kawartha-Seen, wo er unter anderem ein so erfahrener Kanufahrer wurde, daß er später als Highschool-Student einen Job bei der Hudson Bay Company annehmen konnte, die Vorräte in das nördliche Ontario beförderte. Wochenlang fuhr er allein auf gefährlichen Flüssen, er legte Tragstrecken (auf denen das Kanu getragen werden mußte) zurück und überwand viele Stromschnellen. Die einzigen Menschen, denen er auf diesen Fahrten begegnete, waren die örtlichen Indianer, deren Sprache er lernte und deren Freund er wurde. Von ihnen erhielt er sogar einen indianischen Namen: Mushkemush Kemit oder „Kleine weiße Ratte". Damit bezogen sich die Indianer auf seine plötzlichen, schnellen, einer Moschusratte ähnlichen Bewegungen. Später suchte er nach Gold; bei einer dieser Goldsuchexpeditionen konnte er sein Leben, als er von einem Waldbrand eingeschlossen wurde, nur dadurch retten, daß er sich einen Tag und zwei Nächte in einen See stellte. Während eines Sommers arbeitete er für die Geologische Landvermessung Kanadas und erwarb sich dabei, wie Professor Paul H. Stevenson, einer seiner Kollegen bemerkte, „praktische Kenntnis der strukturellen und stratigraphischen Geologie, die später die Geologen, mit denen er im Verlauf seiner paläontologischen Studien zusammenarbeitete, in Erstaunen setzte und die es ihm ermöglichte, ... seine ausgedehnten zänozoischen Forschungen in Asien so befriedigend zu leiten und zu koordinieren".

Seinen medizinischen Grad erwarb er 1906 an der Universität Toronto; wegen seines Interesses an der Biologie drehte er den üblichen Gang der Ereignisse um, indem er zu weiteren Studien in vergleichender Anatomie an die Universität zurückkehrte und seine Arbeit dort im Jahre 1909 beendete. Mit dieser Ausbildung begann er seine Laufbahn in Lehre und Forschung noch im gleichen Jahr an der School of Medicine in Western Reserve.

Im Licht seiner späteren wissenschaftlichen Tätigkeit hat vielleicht sein Besuch im Laboratorium Elliot Smiths in Manchester, England, im Jahre 1914 außerordentliche Bedeutung erlangt. Höchstwahrscheinlich erhielt er dort den ersten Anstoß für sein Interesse am fossilen Menschen. Smith war in jenen Tagen eine der führenden Kapazitäten in Neuroanatomie; zweifellos hatte diese Tatsache den jungen Black beeindruckt, der auf diesem Gebiet bereits eine Forscherlaufbahn begonnen und mehrere Veröffentlichungen herausgebracht hatte. Als Black eintraf, fand er Smith inmitten des faszinierenden Problems, den berühmten Piltdown-Schädel zu restaurieren. Dieses bruchstückhafte Fossil war im Jahre 1911 in Piltdown, Sussex, von Charles Dawson, einem Amateursammler gefunden worden. Von diesem Augenblick an stand es im Mittelpunkt einer sehr lebhaften Kontroverse.

Einmal war der Schädel in einer Schicht gefunden worden, über die sofort die üblichen Auseinandersetzungen begannen. Einige Kapazitäten verlegten die neue Entdeckung bis in das späte Pliozän zurück. Die konservativeren Schätzungen sprachen von dem frühen Pleistozän, also der Zeit vor 400000 bis 500000 Jahren. Nie zuvor hatte man in England hominide Fossilien gefungen, die so alt waren, eine Tatsache, die schon für sich allein genügend Aufregung verursachen konnte. Eines der anfänglichen Probleme war jedoch die Wiederherstellung des gesamten Schädeldachs aus den Bruchstücken, die man gefunden hatte. Diese Bruchstücke bestanden aus der linken Seite des Unterkiefers, der noch Zähne enthielt sowie vier oder fünf Stücken des Schädeldachs. Der Kiefer war sehr primitiv und in der Tat affenartig – der Rest des Schädels jedoch ohne jede Frage der eines Menschen oder eines Hominiden.

Der Gegensatz zwischen diesen beiden Schädelteilen war denkbar auffallend, aber das konnte mehr oder weniger so erscheinen durch die Art, wie die Schädelbruchstücke aneinandergepaßt worden waren. Je disharmonischer die beiden Teile wirkten, desto mehr erhob sich offensichtlich die Frage, ob sie tatsächlich zu dem gleichen Individuum gehörten. Falls das wirklich der Fall gewesen sein sollte, so mußte das natürlich die Interpretation der Art und Weise, wie sich die menschliche Entwicklung vollzogen hatte, sehr stark beeinflussen. Ein wohlentwickeltes menschenartiges Schädeldach mit einem großen Fassungsvermögen für das Gehirn deutete in Verbindung mit einem sehr primitiven Kiefer mit affenartigen Zähnen und einer Kaufunktion doch auf eine anatomische Beziehung zwischen den zwei Aspekten des Schädels, die so widersprüchlich erschienen. Tatsächlich war es diese Diskrepanz in dem Piltdown-Schädel, genau wie die vermutete Disharmonie zwischen dem Oberschenkelknochen und dem Schädel des *Pithecanthropus,* die Professor Earnest Hooton bei der Entwicklung seiner Theorie von der asymmetrischen Evolution so entschieden beeinflußten.

Die ursprüngliche Rekonstruktion durch Professor Smith Woodward, einen Geologen, brachte einen Schädel zuwege, der die Diskrepanz stark verkleinerte, aber keineswegs eliminierte. Diese Rekonstruktion hatte eine Hirnkapazität von etwa 1100 Kubikzentimetern – ein Wert, der weit unter dem des modernen Menschen liegt, aber entschieden größer war als der Gehirninhalt des primitivsten Menschen, der damals bekannt war, des *Pithecanthropus.* Diese Rekonstruktion wurde sofort von der führenden englischen Autorität für die menschlichen Evolution, Sir Arthur Keith, angezweifelt. Keith war ein Anatom, der im Studium der fossilen Relikte des frühen Menschen reichlich Erfahrungen gesammelt hatte. Er ging von seinem detaillierten Wissen über die Anatomie des Schädeldachs aus, restaurierte die ursprüngliche Form des Piltdown-Schädels und präsentierte seine Ergebnisse auf dramatische Art bei einem Treffen der Fachleute an den Fundstätten. Diese neue Version war ein viel weiter entwickelter Typ des Schädeldachs, das sich viel weniger als das Woodwards vom Homo sapiens unter-

schied; natürlich betonte er die inhärente Disharmonie zu dem damit assoziierten affenartigen Kiefer.
Ein Aspekt dieses Problems der Schädelrekonstruktion war seine Wirkung auf die Ausdeutung des Gehirns, das von dem Schädeldach umschlossen wurde. Die einzige mögliche Art, etwas über die Entwicklung des Gehirns zu erfahren, kann man von der Größe des Schädeldachs erhalten sowie von seiner inneren Oberfläche, wo der Abdruck der Konturen des Gehirns im Knochen erhalten geblieben ist.
Unglücklicherweise sagen uns diese Erkenntnisse nichts über die bedeutsamen Entwicklungen, die sich in der Zwischenzeit im Gehirn vollziehen. Da das Gehirn aber nicht versteinert und alle seine Zellen verlorengehen, sind die gebliebenen Bruchstücke alles, was überlebt. Dadurch gewinnen sie eine erhöhte Bedeutung. Aus diesem Grund löste Keiths Schädelrekonstruktion, die sich sehr wesentlich von der Woodwards unterschied, eine sehr lebhafte und manchmal sogar förmlich erbitterte Kontroverse zwischen zwei Anhängergruppen aus. Um Keiths Anspruch, ein Experte zu sein, zu testen, schlug man sogar vor, er solle seine Restaurationstechnik an einer ähnlichen Gruppe von Bruchstücken aus einem Schädel ausprobieren, der gut dokumentiert, ihm jedoch unbekannt war. Keith war mit diesem Vorschlag einverstanden. Das Ergebnis seiner Arbeit war eine Schädelrekonstruktion, die bewunderungswürdig mit dem Originalschädel übereinstimmte.
Natürlich unterschieden sich die Gehirnabgüsse, die von Woodwards und von Keiths Versionen des Piltdown-Schädels angefertigt wurden, ganz beträchtlich, und das wiederum beeinflußte die Schlüsse, die aus diesem Beweismaterial gezogen wurden. Elliot Smith war als einer der führenden Neurologen Englands schon sehr frühzeitig in den Streit hineingezogen worden. Er stand aus Überzeugung auf Woodwards Seite. Als Black ihn 1914 aufsuchte, steckte er mitten in diesem wissenschaftlichen Streit. Stevenson, der Black sehr gut kannte und

sein Kollege in Anatomie am Vereinigten Medizinischen Peking College war, war fest davon überzeugt, daß diese Einführung in die Probleme der menschlichen Entwicklung aus erster Hand eine entscheidende Rolle dabei gespielt hatte, Blacks zukünftige Laufbahn und seine wissenschaftlichen Interessen zu bestimmen. Stevenson schrieb:

„... im Bann der gewaltigen Faszination dieses Problems wurde die größte der verschiedenen Persönlichkeiten Davidson Blacks geboren – nämlich Davidson Black, der Anthropologe. Hier vernahm er den Ruf aus dem Unbekannten, auf den sein ewig unruhiger Geist gewartet hatte. Es war ein Ruf, der zugleich eine Herausforderung und eine große Gelegenheit war; eine der ganz seltenen Chancen, die sich nur denen bieten, die wirklich darauf vorbereitet sind ... Alle seine früheren Interessen und Erfahrungen rückten augenblicklich und ganz natürlich an ihre vorbestimmten Plätze in diesem breitangelegten Unterbau von miteinander in Beziehungen stehenden Befähigungen. Sie lenkten seinen Zugang zu dem neuen Problem, das jetzt in seinem Denken an allererster Stelle stand."

Trotz Stevensons Überschwang ist seine Beurteilung der Wirkung durchaus gerechtfertigt, die Blacks Eingreifen in eine der erbittertsten Kontroversen erzielte, die in der Geschichte der menschlichen Paläontologie je ausgetragen wurden. Glücklicherweise war sich Black des Hauptfehlers bei der ganzen Streitfrage nicht bewußt. Das Piltdown-Fossil war eine Fälschung – soweit ich weiß die einzige, die auf diesem Gebiet je vorgekommen ist. Diese Tatsache wurde nämlich erst viele Jahre später entdeckt – im Jahre 1955 – als K. P. Oakley und J. S. Weiner, zwei hervorragende britische Anthropologen, ihre Feststellungen veröffentlichten, nachdem sie den Schädel noch einmal gründlich untersucht hatten. Zu dieser Zeit war es bereits eine Standardmethode geworden, die Menge von Fluor zu

messen, die von den in der Erde vergrabenen Knochen und Fossilien absorbiert worden war. Dadurch konnte das relative Alter der Funde bestimmt werden. Dank dieser Methode kann man, wenn zwei Fossilien, die in der gleichen Schicht aufgefunden werden, äquivalente Werte des Fluorgehalts aufweisen, mit gutem Recht annehmen, daß sie gleichaltrig sind; wenn andererseits bei zwei verschiedenen Fossilien ein deutlicher Unterschied im Fluorgehalt nachgewiesen werden kann, kann das nur bedeuten, daß sie nicht gleichaltrig sein können.
Als man die Elefanten- und Flußpferd-Zähne testete, die in enger Verbindung mit dem Piltdown-Menschen gefunden wurden, stellte man fest, daß diese Zähne weit mehr Fluor enthielten – ein Umstand, der natürlich die bisherige Annahme widerlegte, daß das Piltdown-Fossil genau so alt war wie sie. Ja mehr noch: die Tests bewiesen, daß der Piltdown-Fund aus neuer Zeit stammte. Diese Erkenntnis führte zu weiteren genauen Untersuchungen des Kiefers. Dabei wurde eindeutig bewiesen, daß es sich um einen Schimpansenkiefer handelte, der mit Chemikalien gefärbt und auch sonstwie behandelt worden war, um den Eindruck eines sehr hohen Alters zu erwecken. Die Veröffentlichung von Oakley und Weiner über den „Piltdown-Menschen“ hatten selbstverständlich eine sensationelle Wirkung; verspätet rechtfertigte sie jedoch die Zweifel einiger von uns, die dieses Fossil schon seit langer Zeit für unwahrscheinlich, um nicht zu sagen für unglaubwürdig gehalten hatten. Jetzt erinnerte man sich mit einem Mal an eine Arbeit, die G. Miller von der Smithsonian Institution im Jahre 1915 verfaßt hatte. In dieser Arbeit hatte er die Meinung vertreten, daß der Kiefer zweifellos der eines Affen sei. Die Untersuchung bestätigte auch Weidenreichs feste Überzeugung, daß es sich bei dem „frühen Menschen“ um eine Chimäre handle, die man nicht ernst nehmen dürfe. So verschwand der Piltdown-Mensch oder *Eoanthropus dawsoni* aus der wissenschaftlichen Welt und aus der Geschichte der Paläontologie.

Unter diesen Umständen ist es daher keine unvernünftige Frage, wenn man sich wundert, wie solche ausgezeichneten und kenntnisreichen Fachleute wie Keith, Woodward und Smith – Männer von unzweifelhafter Autorität – durch etwas getäuscht worden waren, das doch jetzt als ein offensichtlicher Betrug entlarvt wurde. Und warum ließen sich so viele, wenn nicht alle Autoritäten in anderen Ländern so bereitwillig überzeugen? Diese Fragen sind allerdings nicht leicht zu beantworten.

Offensichtlich war die Diskrepanz zwischen dem Kiefer und dem Schädeldach doch von Anfang an eindeutig zu erkennen. Vielleicht verlieren Wissenschaftler manchmal die objektiven Ziele aus den Augen, wenn sie auf subtile Art durch eine persönliche Identifizierung mit den Objekten ihres Interesses beeinflußt werden und wenn sie zudem ein Gefühl des National- oder Lokalstolzes bewegt. Keith jubelte ganz unverhohlen darüber, daß in England ein Fossil entdeckt worden war, dessen Alter alles übertraf, was bisher in Frankreich oder sonstwo in Europa aufgefunden worden war, und dieses Gefühl wurde zu dieser Zeit augenscheinlich von anderen britischen Wissenschaftlern geteilt. Ein ähnlicher Chauvinismus fand seinen Ausdruck in den Bemühungen des Argentiniers Ameghino, der sich fast verzweifelt bemühte, für die Fossilien, die er in seinem Vaterland entdeckte, eine hominide Identität zu beanspruchen. Auch in Frankreich, wo man eine große Menge von Relikten des fossilen Menschen aufgefunden hat, sind solche nationalistischen Wallungen nicht ausgeblieben.

Die Auseinandersetzungen können sehr heftig werden, wenn der Entdecker oder der Sponsor eines Fossils beteiligt ist; das hat schon zu mancher, völlig unnötigen Verwirrung geführt. Wieder und wieder wird eine neue Entdeckung als einzigartig begrüßt und gepriesen und erhält sofort einen eigenen Namen. Das soll die Entdeckung davor bewahren, daß sie in einer allgemeinen Kategorie verlorengeht und einer unterschiedslosen Anonymität anheimfällt. Es besteht wahrlich ein Unterschied zwischen einem Eugène Dubois, dem Entdecker des *Pithecanthropus,* oder einem Raymond Dart, als er den neuen *Australopithecus* ankündigte, und der Unzahl vergessener Namen derer, die die Dutzende und Aberdutzende von Neandertalerrelikten fanden.

Was mich aber noch heute verblüfft, ist die Tatsache, daß Woodward und Keith nicht erkannten, daß die Knochen des Piltdown-Menschen nicht versteinert waren und keine echten Fossilien darstellten. Beide hatten doch wahrlich genügend Erfahrung mit echten Fossilien, um sie von relativ jungen, nicht versteinerten Knochen unterscheiden zu können. Wissenschaftlicher Ruhm verschafft natürlich ein gewaltiges Prestige. Selbst außerhalb von England hätte es bei einem Anthropologen sehr viel Mut erfordert, die Autorität eines Sir Arthur Keith anzuzweifeln. Einige taten das, aber viele waren es nicht.

Schon im Jahre 1914 war Black in den Bannkreis der Piltdown-Kontroverse geraten; er war sich aber nicht bewußt, daß das Piltdown-„Fossil“, soweit die menschliche Evolution in Betracht kam, ein falsches Beweisstück war.

Wie sehr sich seine Interessen gewandelt hatten, wurde nach dem Ersten Weltkrieg deutlich, als er sich nach dem Militärdienst wieder wissenschaftlichen Aufgaben zuwandte.

In seinen Veröffentlichungen nach seiner Niederlassung in China kann man eine steigende Beschäftigung mit der anthropologischen Forschung und mit den Problemen der menschlichen Entwicklungsgeschichte feststellen. Diese innere Hingabe prädestinierte ihn zum Gesprächspartner von J. Gunnar Andersson, als dieser fachmännischen Rat für die Identifizierung hominider Fossilien brauchte. In Peking gab es sicherlich niemand, der dafür besser qualifiziert gewesen wäre, sicherlich aber auch niemanden, der eifriger an Studien solcher Relikte hätte teilnehmen wollen.

Nach der ersten Ankündigung eines hominiden Fundes in Chou Kou Tien im Jahre 1926 und nachdem man ein endgültiges

Programm aufgestellt hatte, um die Ausgrabungen dort fortzusetzen, übernahm Davidson Black daher die Verantwortung für das wissenschaftliche Studium aller hominiden Fossilien, die man etwa entdecken würde. Dr. V. K. Ting, ein berühmter chinesischer Paläontologe, wurde zum Direktor ehrenhalber ernannt. Er hatte die Geologische Vermessung Chinas geschaffen und die angesehene wissenschaftliche Reihe „Palaeontologia Sinica“ begründet, in der viele der wissenschaftlichen Arbeiten auf dem Gebiet der Geologie und der Paläontologie veröffentlicht wurden.

Die praktische Arbeit an den Fundstellen wurde C. Li, einem chinesischen Geologen, übertragen; ein junger schwedischer Paläontologe, Dr. Birger Bohlin, wurde ins Land gerufen und zum Generaldirektor des Unternehmens bestimmt.

Die Arbeitssaison dauerte vom April bis zum Oktober 1927; die Arbeit schritt stetig voran, obwohl das Gebiet zum Schauplatz von Scharmützeln zwischen Marschall Tschang Tso-lin und Yen Hsi-shan wurde, die einen Bürgerkrieg gegeneinander führten. In der Gegend herrschte auch ein starkes Banditenunwesen, das aber Li und Bohlin nur wenig belästigte. Die Höhle, in der sie arbeiteten, enthielt eine zwischen 10,5 und 16,5 Meter dicke Ablagerung, die sich in einer Breite von über 14,5 Meter etwa 45 Meter von Osten nach Westen erstreckte. Insgesamt wurden etwa 2550 Kubikmeter ausgegraben und untersucht; Ergebnisse erbrachte aber nur ein sehr begrenzter Teil der Ablagerung. Dann aber, gerade drei Tage vor Ende der Saison, fand Bohlin einen weiteren hominiden Zahn – es war ein unterer Molar, nicht abgenützt und vollkommen erhalten. Seine unvollständig entwickelten Wurzeln waren mit denen von Molaren etwa achtjähriger Kinder unserer heutigen Zeit vergleichbar. Trotz der Gefahren, das vom Bürgerkrieg zerrissene Land zu durchqueren, nahm Bohlin all diese Risiken auf sich und erschien bei Black, der die Begegnung folgendermaßen schilderte:

„Am 19. Oktober [drei Tage nach der Entdeckung] um halb sieben Uhr abends erschien Bohlin in meinem Institut. Er trug noch seine Arbeitskleidung und war mit Staub bedeckt, strahlte aber vor Freude über das ganze Gesicht. Trotz des Bürgerkriegs hatte er die Kampagne zu Ende geführt. Am 16. Oktober hatte er schließlich den Zahn entdeckt. Er war selbst an Ort und Stelle, als der Zahn aus der Ablagerung geholt wurde. Ich muß sagen, ich war außer mir vor Freude. Bohlin kam sogar zu mir, noch ehe er sich bei seiner Frau in Peking zurückgemeldet hatte. Er ist wahrlich ein Mann nach meinem Herzen. Ich hoffe, Sie werden Wiman sagen, wie sehr ich seine Hilfe zu schätzen weiß, Bohlin für unsere Arbeit in China zu gewinnen."

Als Black dann über seinen eigenen Eifer nachdachte, fand er schnell eine Bestätigung für seine eigenen Hoffnungen, indem er berichtete:

„Bohlin ist völlig sicher, daß er noch mehr von dem *Homo pekinensis* finden wird, wenn er damit beginnt, das Material zu sieben, das er mit nach Hause genommen hat."

Als Black Ende 1927 seine formelle Ankündigung von der neuen Entdeckung machte, war der entscheidende Schritt, daß er den Chou Kou Tien-Fossilienzahn einer neuen verschiedenartigen Menschengattung zuordnete – dem *Sinanthropus pekinensis.* Das war eine kühne Schlußfolgerung, und die Reaktionen waren überall dort, wo man die Ereignisse in Peking mit großem Interesse verfolgte, sehr gemischt. Viele qualifizierte Fachleute waren der Meinung, Black sei doch etwas vorschnell gewesen, als er auf der Basis einiger weniger Zähne von einer völlig neuen Menschengattung sprach. Wenn er die neuen Funde einer anderen Spezies innerhalb des Gesamtbegriffs *Homo* zugewiesen hätte, so wäre das vielleicht akzeptabler gewesen.

Eine neue Gattung erforderte natürlich einen viel höheren Grad der Differenzierung und viel mehr substantielle Beweise, als sie Black – das war wenigstens die Meinung einiger Wissenschaftler – vorlegen konnte. Zu Blacks Verteidigung muß jedoch gesagt werden, daß er diese Zähne mit der größten Sorgfalt untersucht und jedes kleinste Detail ihrer Struktur beobachtet hat.

Vielleicht war kein Teil des Skeletts so gründlich und so peinlich genau von Paläontologen analysiert worden wie die fossilen Zähne. Die Formen der Höcker, Wurzeln, Kämme und Spalten sind alle sorgfältig studiert worden, man hat ihre Varianten in systematische Schemata eingeordnet. Das ist zum Teil deshalb geschehen, weil Zähne bei allen fossilen Relikten bei weitem in der Überzahl sind. Deshalb bilden sie häufig die einzigen Beweise für verschiedene ausgestorbene Gattungen; teilweise ist das auch so, weil es ganz ausgeprägte, deutlich zu beobachtende Muster der Zahnstruktur gibt, die sehr wertvolle Hinweise darauf erlauben, wo ihre Besitzer einzuordnen sind.

Im folgenden Jahr kehrte Bohlin zu seiner aufregenden Mission in Chou Kou Tien zurück. Dieses Mal hatte er zwei befähigte chinesische Wissenschaftler, W. C. Pei und C. C. Young, als Helfer mitgebracht.

In diesem Jahr stießen sie bei den Ausgrabungen auf eine viel ergiebigere Ausbeute von Zähnen in den verschiedensten Entwicklungsstadien; dazu entdeckten sie auch Bruchstücke des Unterkiefers sowie kleine Teile der Schädeldecke, die von äußerster Bedeutung waren. Jeder Zweifel an der Tatsache, daß der *Sinanthropus pekinensis* anders und von dem modernen Menschen deutlich verschieden war, war nun durch diese Entdeckungen ausgeräumt. Die kinnlose Form der Kiefer war an diesen neuen fossilen Relikten das vielleicht auffälligste Charakteristikum. Das gab ihnen ein sehr primitives, fast affenartiges Aussehen. Black beobachtete, daß der Kinnbacken sogar noch primitiver war als die Zähne, die er trug. Und dann kam es fast so, als ob alles ganz bewußt auf einen Höhepunkt hin inszeniert worden wäre: die nächste Grabungskampagne – es war die des Jahres 1929 – erbrachte schließlich den schon gesuchten und sehnsüchtig erwarteten Fund – den Schädel selbst.

Wieder war es ganz am Ende der Saison, als man die Grabstelle eben für den Winter schließen wollte, als W. C. Pei in einer der Höhlen, die er geöffnet hatte, den „fast vollständigen Schädel" des *Sinanthropus* fand. Zum Teil war dieser Schädel im losen Sand eingebettet, zum Teil im harten Mutterboden verfestigt.

Sofort wurde ein Telegramm an Black geschickt, der dann höchst ungeduldig darauf gewartet haben mußte, daß das kostbare neue Beweisstück in seine Hände gelangte.

In seinem ersten, vorläufigen Bericht betonte Black den gewaltigen Unterschied zwischen dem *Sinanthropus* und dem *Pithecanthropus,* einen Unterschied, den spätere Forscher allerdings relativiert haben. Des weiteren zog Black den Schluß, daß der *Sinanthropus* die allgemeinere und auch progressivere Form sei; er deutete damit an, daß der *Sinanthropus* als Ahne für den modernen Menschen ein wahrscheinlicherer Kandidat war.

Von diesem Zeitpunkt an wurden, bis die Arbeit in Chou Kou Tien als Folge der inneren Unruhen eingestellt wurde, fortwährend neue Entdeckungen gemacht. Man schätzte, daß 1937 mindestens vierzig verschiedene Individuen in der bis dahin geborgenen Sammlung von Zähnen, Schädeln und langen Knochen vertreten waren. Natürlich kann diese Zahl auch nur eine Schätzung sein, weil es nicht immer ganz einfach ist zu bestimmen, welche Bruchstücke und welche Zähne zueinander gehören. Eines steht jedoch fest: Es war die größte Sammlung, die je von einer einzigen fossilen Population von Hominiden gefunden worden war. Für die wissenschaftliche Forschung bot sie eine gewaltige Aufgabe. Ihr Studium und ihre Analyse erforderten zweifellos Jahre.

Viele Wissenschaftler – Geologen, Paläontologen und Anthropologen – hatten an den langen und mühevollen Ausgrabungsarbeiten teilgenommen. Um nur einige Namen zu nennen: Andersson, Zdansky, Pei, Bohlin und Li. Viele weithin bekannte Kapazitäten, wie Père Teilhard de Chardin, Abbé Breuil und C. C. Young, veröffentlichten detaillierte Studien über die Relikte, die ausgegraben worden waren. Ein Name hob sich jedoch aus dieser glanzvollen Galaxis als der ab, der vollkommen mit dem Pekingmenschen identifiziert werden konnte. Dieser Mann war Davidson Black.

Fast ein ganzes Jahrzehnt bis zu seinem Tode Anfang 1934 hatte er sich mit größter Hingabe dem Werk gewidmet, dessentwegen er nach China gegangen war. In seinen chinesischen Lehrjahren war er weit herumgekommen und hatte überall nach vielversprechenden Fundstätten gesucht. Schließlich aber war er auf den Pekingmenschen gestoßen, der praktisch vor seiner Türschwelle gewartet hatte.

Als ich ihn 1931 in seinem Laboratorium in Peking aufsuchte, steckte er gerade mitten in der Arbeit, fossile Bruchstücke zu säubern und zu präparieren.

Er demonstrierte mir, wie er mit Hilfe eines Zahnbohrers die harten Verkrustungen vorsichtig entfernte, die an den Oberflächen der Bruchstücke hafteten. Während er arbeitete, stieg eine große Wolke feinen Staubs auf, der durch den Bohrer gemahlen worden war, eine Wolke, die seinen Kopf völlig einhüllte. Ich fragte ihn daher, ob er eine Maske trage, damit er nicht dauernd den Staub einatme. Er verneinte meine Frage; als er aber starb, liefen Gerüchte um, daß der feine fossile Staub seine Lungen geschädigt habe; die offizielle Todesursache war jedoch eine Herzerkrankung, über die er, wie seine Freunde sagten, im Bild war. Einige seiner engsten Freunde und Mitarbeiter sagten auch, er habe gerade aus diesem Grunde nachts gearbeitet, um – ohne die Ablenkungen und den „Streß" einer Arbeit bei Tage – möglichst viel zu vollbringen.

Oben links: Davidson Black, Anatomie-Professor am Vereinigten Medizinischen Peking College. Er identifizierte als erster den Pekingmenschen.

Oben rechts: Franz Weidenreich, aus Deutschland stammender Anatom und Anthropologe, legte die grundlegende Arbeit über den Pekingmenschen vor.

Unten: Camp Holcomb, Stützpunkt der US-Marineinfanterie. Hier verschwanden die Fossilien des Pekingmenschen.

Panorama von Chou Kou Tien, der Fundstätte des Pekingmenschen.

Nahaufnahme von Chou Kou Tien.

Oben: Die Seile rechts markieren die Stelle, wo Schädel 1 und 2 des Pekingmenschen gefunden wurden.

Rechts: Die Ausschachtung in Chou Kou Tien zeigt die Tiefe der Ablagerung.

Unten: Die letzten Stadien im Zuge der Bergung des als Schädel 3 bekannten Fossils.

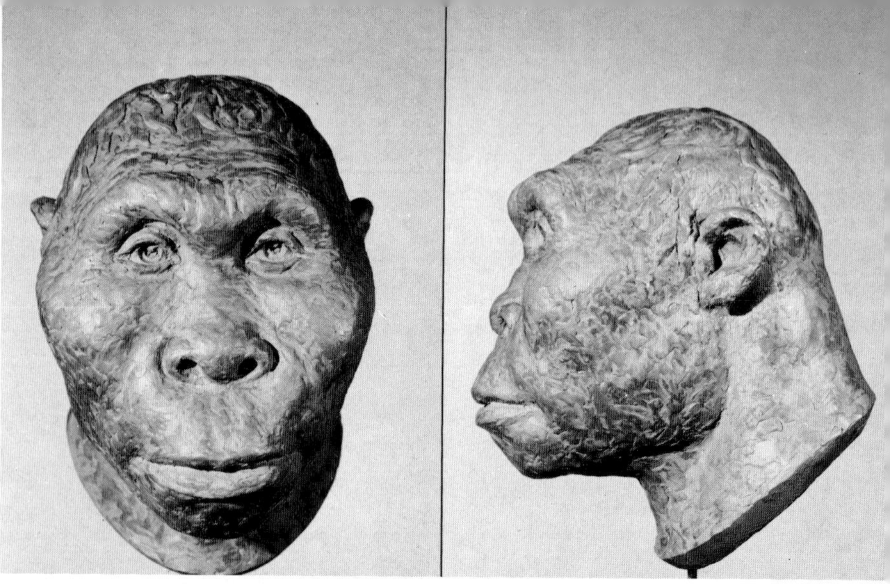

*Zinjanthropus,* einer der *Australopithecinen.* Frühes Pleistozän aus Ostafrika. Restaurierung durch den Autor.

RESTAURIERUNG VON KÖPFEN.
SIE REPRÄSENTIEREN VERSCHIEDENE STADIEN DER HOMINIDENENTWICKLUNG.

*Pithecantropus erectus.* Mittleres Pleistozän aus Java. Restaurierung durch den Autor.

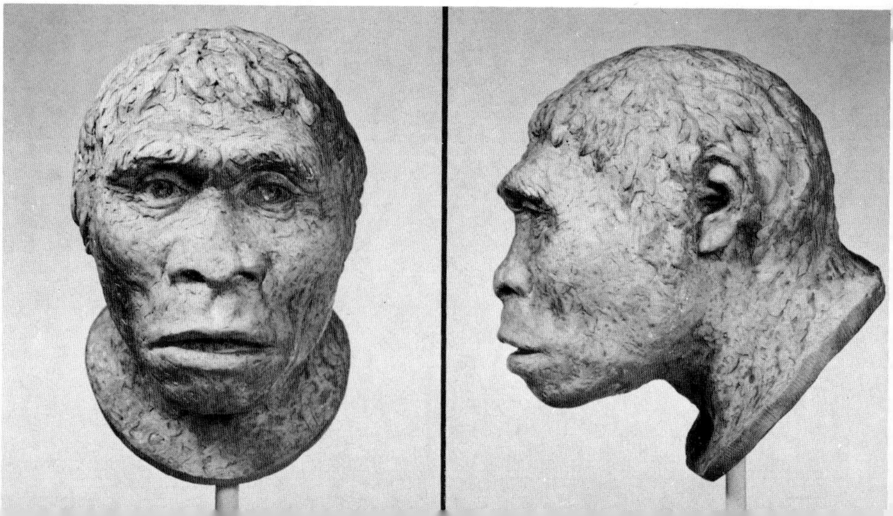

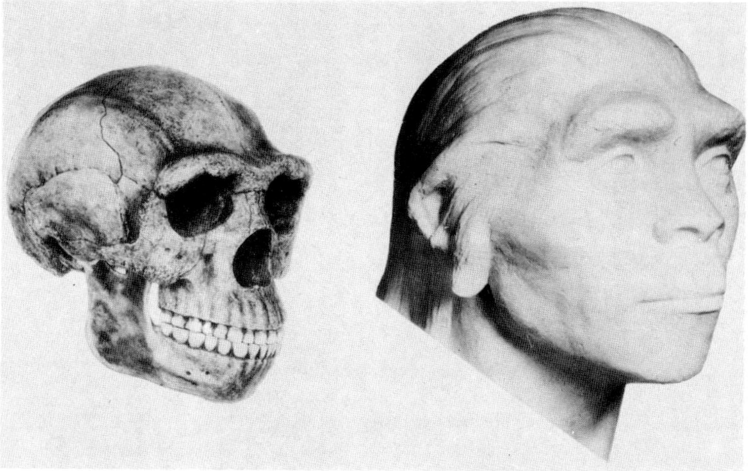

Oben: Weiblicher *Sinanthropus pekinensis*. Mittleres Pleistozän aus China. Restaurierung durch Franz Weidenreich.

Rechts und unten: Männlicher *Sinanthropus pekinensis*. Mittleres Pleistozän aus der Peking-Population, China. Restaurierung durch den Autor.

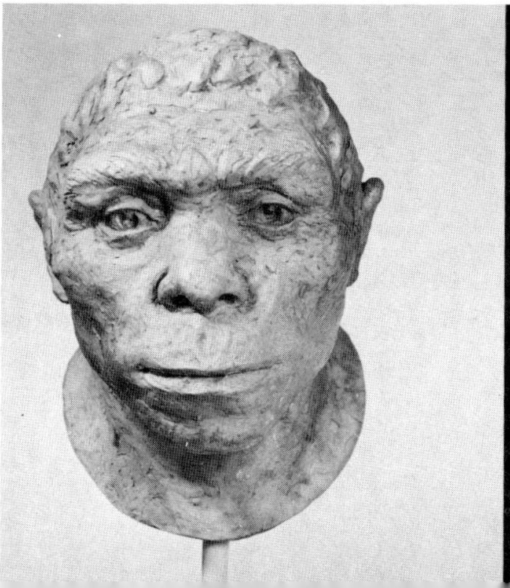

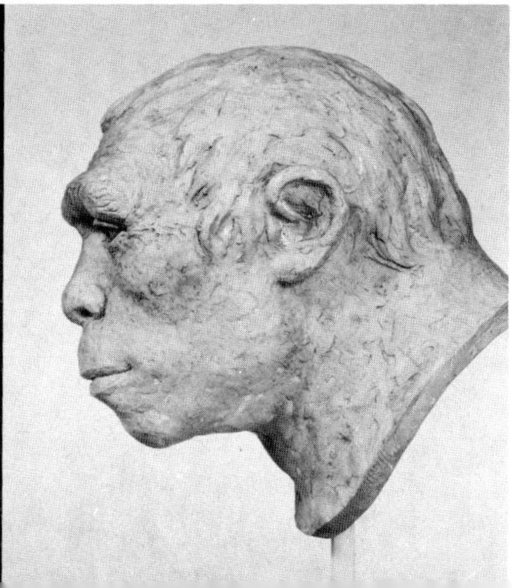

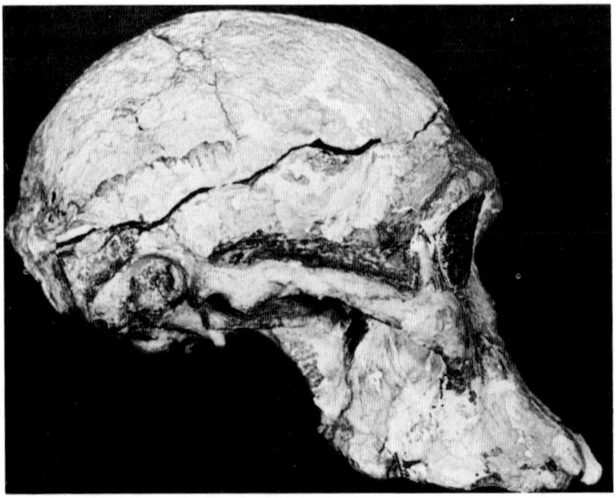

*Australopithecus africanus.*

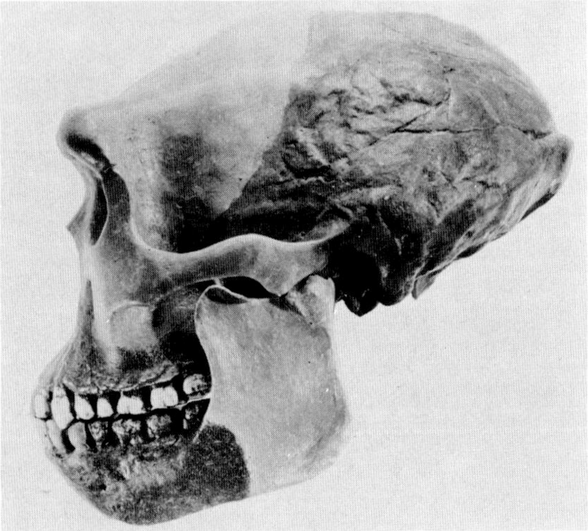

*Pithecanthropus erectus* Nr. 4.

*Sinanthropus pekinensis* Nr. 3.

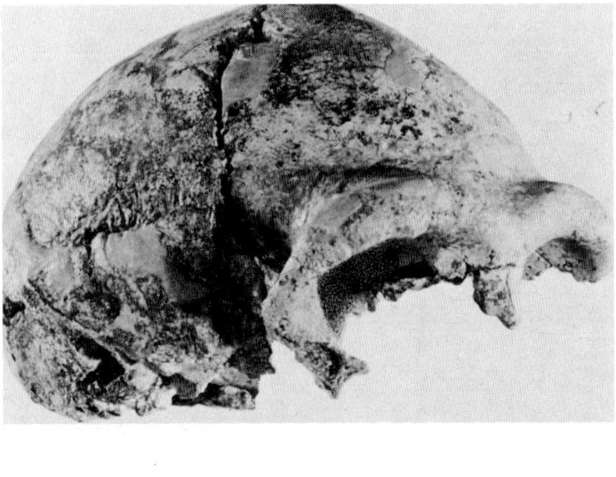

FOSSILE ZEUGNISSE AUS DER VERGANGENHEIT DES MENSCHEN.

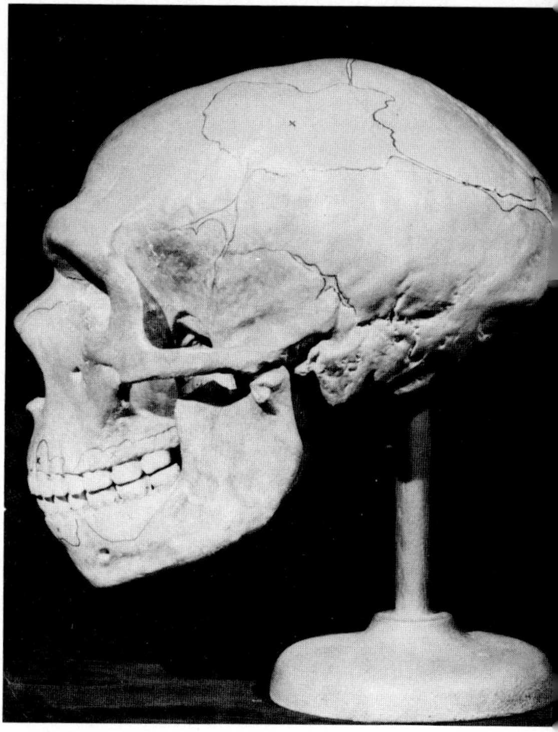

Rechts: Neandertaler.

Unten: Weiblicher *Sinanthropus* (Mitte). Weiblicher Gorilla (rechts). Heutige Chinesin (links).

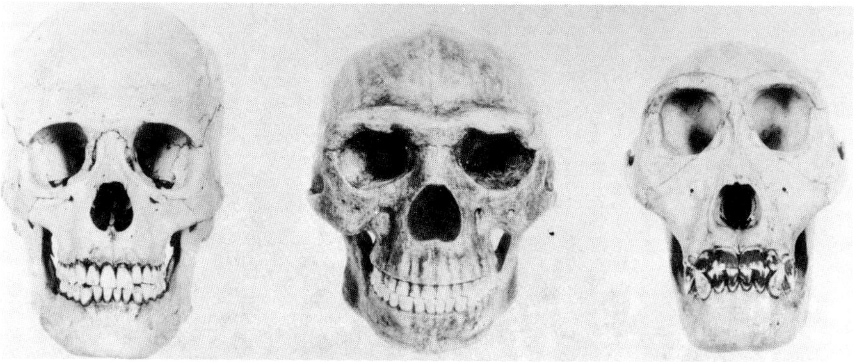

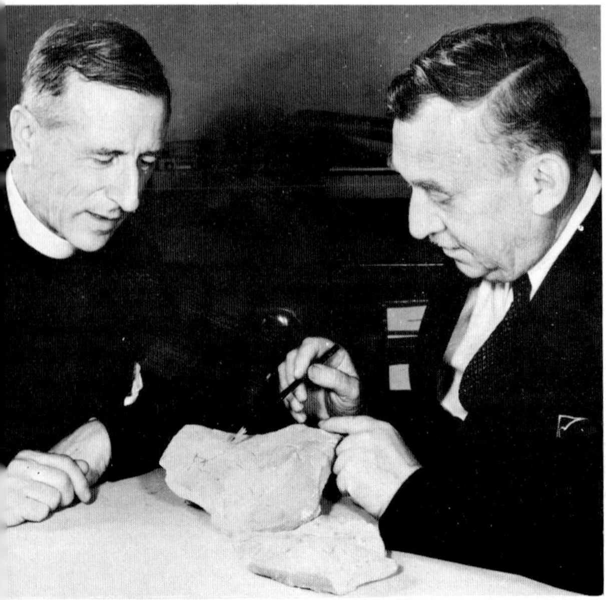

Links: Père Teilhard de Chardin (links) und der Geologe Walter Granger beim Studium eines Fossils.

Unten links: Abbé Breuil (links) mit Père Teilhard de Chardin; aktive Teilnehmer an dem Studium der Relikte des Pekingmenschen.

Unten: „Kriegsbeute“, die ein amerikanischer Soldat aus China heimbrachte. Die Witwe des Soldaten behauptet, es handle sich um einige der verschwundenen Fossilien des Pekingmenschen.

THE GREEK HERITAGE FOUNDATION

ALLE FOTOGRAFIEN WURDEN DANKENSWERTERWEISE VOM AMERIKANISCHEN MUSEUM FÜR NATURGESCHICHTE ZUR VERFÜGUNG GESTELLT.

Alle seine Freunde und Mitarbeiter sprachen von seiner Herzenswärme und Humanität. Ich persönlich finde es äußerst bezeichnend, daß einige seiner chinesischen Kollegen in ihren Gedenkworten einen Aspekt seines Charakters ganz besonders hervorhoben, einen Aspekt, der sein Verhalten gegenüber seinen chinesischen Mitarbeitern und seine Zusammenarbeit mit ihnen beeinflußte.

Von vier dieser chinesischen Kollegen, die seiner nach seinem Tode gedachten, betonten drei diesen gleichen Punkt. Keiner tat es jedoch so ausführlich und treffend wie Dr. V. K. Ting:

„Der letzte Punkt, den ich berühren möchte, ist von äußerst delikater Natur, aber ich möchte ihn trotzdem zur Sprache bringen. Wir müssen ganz offen zugeben, daß wir manchmal eine Zusammenarbeit zwischen Chinesen und Ausländern bei einer wissenschaftlichen Tätigkeit als etwas schwierig empfinden. Die Gründe dafür sind meiner Meinung nach gar nicht so schwer zu finden. Erstens einmal leiden viele Ausländer an einem Überlegenheitskomplex. Folglich laufen ihre Gedankengänge etwa so:

Hier ist ein Chinese, er versteht etwas von der Wissenschaft – aber er ist nichtsdestoweniger ein Chinese –, er ist anders als ein Europäer, also kann man ihn nicht so behandeln wie diesen. Selbst im besten Fall wird die Haltung des ausländischen Wissenschaftlers etwas gönnerhaft sein.

Auf der anderen Seite leiden die chinesischen Wissenschaftler unter einem Minderwertigkeitskomplex. Folglich sind sie gehemmt und überempfindlich, sie bilden sich immer ein, daß der ausländische Kollege sie auslacht oder verachtet. Neunzig Prozent all der Schwierigkeiten zwischen chinesischen und ausländischen Kollegen haben sicherlich ihre Ursache in diesen beiden Faktoren.

In meiner Zusammenarbeit mit Davidson Black habe ich – und ich bin der Überzeugung, daß Blacks Kollegen meine Meinung teilen – nie feststellen müssen, daß er unter einem derartigen

Komplex gelitten hat und andererseits haben seine chinesischen Kollegen ebenfalls ihre Komplexe schnell verloren. In seiner politischen Einstellung war Black durchaus konservativ; in der Zusammenarbeit mit seinen chinesischen Kollegen vergaß er aber ihre Nationalität oder ihre Rasse vollständig, weil er klar erkannt hatte, daß die Wissenschaft über derartig künstliche und zufällige Dingen erhaben ist."

# 3 Wie der Pekingmensch aussah

Praktisch alle Menschen, aus welchem Kulturkreis sie auch stammen mögen, leben in der Vorstellung, daß ihre menschlichen Ahnen fast genau so ausgesehen haben wie sie selbst. Eigentlich ist es überraschend, daß dieser Glaube so weit verbreitet ist, weil doch die Mythen über den Ursprung der Menschen so stark variieren und den Menschen aus einem weiten Bereich von Elementen, Tieren und Göttern abstammen lassen. Aber selbst dort, wo man annimmt, daß früher einmal andere Versionen des Menschen existiert haben, wie das zum Beispiel in einigen Mythen der amerikanischen Indianer der Fall ist, blieb doch die Endform, die ihnen allen gefolgt ist, unverändert.

Unser eigener Adam und unsere Eva, die Bischof Usshers Chronologie zufolge im Jahre 4004 vor Christus erschaffen worden sein sollen, hätten sich, wenn man von ihrer Nacktheit absieht, ganz unauffällig in unsere heutige Bevölkerung eingefügt. Als ihre Schöpfung in der Genesis aufgezeichnet wurde, waren demnach nicht viel mehr als 3000 Jahre seit diesem Ereignis verstrichen. Diese Ansicht, daß der Mensch nur so kurze Zeit auf der Erde geweilt habe, ist ebenfalls ein Charakteristikum jener frühen Menschheitsmythen. Einige wenige polynesische Berichte datieren beispielsweise das Auftauchen des Menschen um etwa dreißig Generationen zurück – also um höchstenfalls 900 Jahre.

Und in den Legenden einiger Eingeborenenstämme auf den Philippinen findet die Erschaffung des Menschen in einer nebligen, unbestimmten Epoche statt, die lediglich sechs oder acht Generationen zurückliegt.

Vielleicht bedeutet die Tatsache, daß man den Menschen und seine Welt in einer so verkürzten Form sieht, daß er bei seinem ersten Erscheinen auf der Erde bereits in voller Blüte stand. Die radikalen Veränderungen, die unsere Primatenahnen in einen Hominiden umwandelten – eine Evolution, die wir aber jetzt als gegeben hinnehmen – werden sich Völkern mit einer so kurzen Vergangenheit schwerlich anbieten. In dieser kurzen Geschichte wäre dafür kaum Zeit genug geblieben.

Unter den Neuorientierungen, die die moderne Wissenschaft in unser Nachdenken über uns selbst und unseren Platz in der Welt gebracht hat, findet sich eine eigentlich nur wenig beachtete, die aber trotzdem von profunder Bedeutung ist: die Neuorientierung in unserem Zeitbegriff. Die Archäologie hat unseren Ausblick in die kulturelle Vergangenheit des Menschen beträchtlich verlängert, und diese zeitliche Ausweitung wurde durch die Astronomie vervielfältigt, sowie durch die erstaunlichen Folgen der organischen Anpassungen, die durch die Paläontologie entdeckt wurden. Heute ist es ein Allgemeingut, daß alle Formen des Lebens, den Menschen eingeschlossen, Veränderungsgeschichten durchschritten haben, die sich über Millionen von Jahren erstrecken.

Wir haben uns in unserem Denken auch daran gewöhnt anzunehmen, daß unsere Vorfahren eine evolutionäre Verwandlung mitgemacht haben, bei der jedes Stadium durch bedeutsame und sichtbare Veränderungen gekennzeichnet war. Das Entsetzen und der Widerwille, den unsere Vorfahren im 19. Jahrhundert empfanden, als sie hörten, daß uns eine derartige evolutionäre Reihe auch nur entfernt mit den Affen in Verbindung bringen könne, spiegelte sich darin, wie Carlyle Huxleys „Affenverdammung" der Menschheit zurückwies. Der gleiche Unglaube und das gleiche Entsetzen waren es auch, die Samuel Wilberforce, den Bischof von Oxford, Huxley in einer, wie er glaubte, vernichtenden Verachtung fragen ließ, wer von seinen Großeltern ein Affe gewesen sei. Huxley antwortete, er selbst

würde lieber einen Affen zum Großvater haben als den Bischof. Als der Pekingmensch im Jahre 1926 als eine der frühesten Formen des primitiven Menschen anerkannt wurde, die man bis dahin gefunden hatte, war die Öffentlichkeit bereit – wenn auch nicht einmütig – ihn als Ahnenfigur hinzunehmen und zudem weithin an seiner Entdeckung interessiert und auch neugierig, wie diese frühe Form ausgesehen haben könnte. Die ersten Funde bestanden lediglich aus Zähnen. Zähne mögen nun außerordentlich wichtig dafür sein, evolutionäre Verwandtschaften und Beziehungen festzulegen; für die Rekonstruktion der Individuen, zu denen sie gehörten, sind sie jedoch von wenig oder gar keinem Wert. Die erste Schädeldecke und die Kieferbruchstücke, die 1928 und 1929 ausgegraben wurden, gaben den Fachleuten die ersten Hinweise auf den allgemeinen Charakter des Kopfs und von Teilen des Gesichts. Später, als wesentlich mehr und auch vollständigere Schädel ausgegraben sowie Teile von Skeletten entdeckt wurden, wurde dieses Bild reicher und ging mehr in die Einzelheiten. Heute ist es möglich, eine weitgehende Annäherung an das Bild anzubieten, das dem Pekingmensch im Leben entspricht. Gewisse Einzelheiten fehlen natürlich noch, weil manche Bruchstücke des Skeletts in der Sammlung von Fossilien noch nicht vertreten waren.
Dem heutigen Betrachter fällt zuerst die geringe Körpergröße dieser primitiven Menschen auf. Die Statur kann mit einer ziemlichen Genauigkeit aus der Länge der Arm- und der Beinknochen errechnet werden, da diese in einer sehr engen Beziehung zueinander stehen. Wo alle Gliedmaßen verfügbar sind, ist diese Berechnung noch wesentlich genauer möglich.
Ich habe diese Beziehung als von äußerst großem Nutzen vor allem für die Gerichtsmedizin erkannt. Gar nicht so selten war das ein bestimmender Faktor, wenn man verdächtige Skelette zu identifizieren hatte, die von der Polizei aufgefunden worden waren. Unmittelbar nach dem Zweiten Weltkrieg war es eine von einer ganzen Reihe von Prozeduren, die ich in das

Identifizierungsprogramm einführen konnte, als ich die Gräber-Registrierungsabteilung im Generalquartiermeisteramt einrichtete. Der Kongreß hatte ein Gesetz verabschiedet, daß die Leichen aller amerikanischen Soldaten, die im Kampf gefallen oder in Übersee gestorben waren, in die Vereinigten Staaten zurückgebracht werden sollten. Unglücklicherweise waren viele dieser Toten – tatsächlich handelte es sich um Tausende – ohne ihre Erkennungsmarken geborgen und dann zeitweilig in Europa oder im pazifischen Raum bestattet worden. Für den Generalquartiermeister wurde es zu einem der Hauptprobleme, einen Weg zu finden, wie man diese Gefallenen genau identifizieren konnte, um sie, wie das Gesetz es vorschrieb, zu ihren Familien in den Vereinigten Staaten bringen zu können. Eines der wesentlichen Charakteristika, die wir dabei anwenden konnten, war die Körpergröße, und diese konnte man leicht aus den Gliederknochen rekontruieren.

Die Anwendung dieser Technik auf den Pekingmenschen wurde jedoch irgendwie durch die Tatsache kompliziert, daß keiner der aufgefundenen sieben Oberschenkelknochen vollständig erhalten war. Mehr noch, von den Oberschenkelknochen, die nach dem Geschlecht identifiziert werden konnten, waren einer weiblich und vier männlich. Oberarmknochen waren nur zwei vorhanden, und diese beiden auch nur in Bruchstücken. Trotzdem gelang es Weidenreich durch einen peinlich genauen Rekonstruktionsprozeß, der auf sehr detaillierten Studien und Vergleichen basierte, die fehlenden Teile von zwei männlichen und dem einen weiblichen Oberschenkelknochen zu rekonstruieren. Einer der Oberarmknochen war ebenfalls so vollständig, daß eine ähnliche Rekonstruktion möglich wurde. Auf dieser Knochengrundlage wurde eine Körpergröße der Männer mit 155,25 cm errechnet und die der Frau mit 143,25 cm. Diese Zahlen mögen, da sie auf einem nicht genauen Maß von Arm- und Beinknochen basieren, nur Annäherungswerte sein; als Durchschnitt haben sie jedoch eine beträchtliche Überzeugungskraft, da die restlichen Bruchteile, die bei diesen Berechnungen nicht einbezogen wurden, genau damit übereinstimmten. Weiter noch: wenn wir die männlichen Zahlen für ziemlich zuverlässig halten, da sie auf der größeren Zahl von Knochen basieren und durch diese bestätigt werden, können wir normalerweise erwarten, daß ein Größenunterschied zwischen den Geschlechtern in der Größenordnung bestand, wie sie diese Zahlen andeuten.

Nach unseren Maßstäben waren demnach die Peking-Männer und -Frauen ganz entschieden klein, sie standen an der alleruntersten Grenze der heutigen Variante.

Wenn wir die abweichenden Gruppen der Pygmäen und Buschmänner, die einen Durchschnitt zwischen 139,5 und 144,5 Zentimeter aufweisen, außer Betracht lassen, liegt die Größe der modernen Menschen zwischen 152,5 und knapp unter 183 Zentimetern, wobei 167 Zentimeter die Durchschnittsgröße für alle Gruppen des modernen *Homo sapiens* bilden mögen.

Wenn man den *Sinanthropus pekinensis* jedoch mit noch früheren Hominidenformen vergleicht, etwa mit den *Australopithecinen* in Afrika, die man auf 1 bis 4 Millionen Jahre zurückdatieren kann, so weisen die Pekingmenschen doch eine ganz beträchtliche Größenzunahme auf. Diese früheren Hominiden hatten nämlich nur eine Durchschnittsgröße von 137 Zentimeter, der Schätzung nach betrug ihr Körpergewicht nur sechzig bis siebzig Pfund.

Obwohl versteinerte Skelettknochen verhältnismäßig selten und gewöhnlich nur in Bruchstücken zu finden sind, hat man doch genügend Beweise gesammelt, die es möglich machen, Verallgemeinerungen gegenüber dem Wandel in der Körpergröße zu treffen, der die menschliche Evolution charakterisiert hat. Mit anderen Worten: von den frühesten akzeptierten Hominiden – den *Australopithecinen* – bis zum modernen Menschen hat eine stetige progressive Zunahme stattgefunden. Der Pekingmensch steht dabei etwa auf halbem Wege zwischen den beiden

Extremen. Wenn wir weiter die *Ramapithecinen* als einen noch früheren Beweis für das Erscheinen des Menschen – vor etwa zehn oder zwölf Millionen Jahren – einbeziehen, wird der Verlauf dieses Fortschritts noch weiter unterstrichen. In diesem Stadium waren unsere Vorfahren noch kleiner, wenn man nach der Größe der Kiefer und der Zähne urteilt, die sie zurückgelassen haben.

Obwohl diese anatomischen Entwicklungen in keiner so engen und genauen Beziehung zueinander stehen wie die Gliederknochen, können sie doch allgemeine Annäherungswerte liefern, die ziemlich zuverlässig sein dürften.

Dieser Trend wirft nun mehrere Fragen von beträchtlichem Interesse auf. Erstens einmal sollten wir die Bedeutung dieser evolutionären Zunahme in der Größe erkennen. Wenn wir andere Familien von Wirbel- und Nichtwirbeltieren untersuchen, so ist es durchaus nicht ungewöhnlich, eine stetige Zunahme in der Körpergröße anzutreffen. Die Dinosauriergattungen begannen relativ klein und endeten in massiven gigantischen Formen, die die Besucher der Museen, wo ihre Relikte zusammengesetzt wurden, in Erstaunen versetzen. So erreichte etwa der *Brontosaurus* eine Länge von neunzehneinhalb Metern bei einem Gewicht, das auf etwa dreißig Tonnen geschätzt wird. Der *Brachiosaurus* wiederum erreichte eine Höhe von über zehn Metern. Der Wal ist ein weiteres bezeichnendes Beispiel für eine überwältigende Vergrößerung: in einigen Gattungen erreicht er die respektable Körperlänge von fast dreißig Metern. Man findet auch noch viele andere, wenngleich weniger extreme, aber doch gleich illustrative Beispiele dieses allgemein verbreiteten Phänomens, das gelegentlich nach Professor E. D. Cope, einem Paläontologiepionier des neunzehnten Jahrhunderts, die ‚Cope-Regel' benannt wird. Pferde, Kamele, Giraffen und Elefanten weisen eine ähnliche Tendenz auf, sie alle haben in ihrer Entwicklung als kleine Geschöpfe begonnen, in unseren Tagen aber respektable Größen erreicht. Andererseits gibt es jedoch auch eine sehr große Zahl von Lebensformen, die ihre Körpergröße mit nur geringfügigen Veränderungen über beträchtliche Zeitepochen beibehalten haben. Obwohl beispielsweise bei den Nagern einige Gattungen und Arten eine bescheidene Tendenz in dieser Richtung aufweisen, haben sie nie eine bemerkenswerte Zunahme der Körpergröße erreicht und sind in den meisten Fällen klein geblieben.

Unter den Primaten der Ordnung, zu der der Mensch und die mit ihm eng verwandten Hominiden gehören, tritt diese Zunahme der Körpergröße im Verlauf der Evolution verschiedentlich in Erscheinung. Das geschieht jedoch nie in der extremen Form, wie wir das bei den Elefanten und Walen gesehen haben. Die ersten Primaten, weit zurück im Paläozän vor über sechzig Millionen Jahren, besaßen lediglich die Größe einer kleinen Maus. Einige von ihnen entwickelten sich zu größeren, wenn auch nicht zu gigantischen Formen. In jüngerer Zeit haben die Pongiden (Pongidae, Affen, die mit den Hominiden eng verwandt sind), ebenfalls eine ausgesprochene Tendenz zu einem Größenwachstum gezeigt. Der Gorilla, der größte aller Affen, hat das eindrucksvolle Gewicht von 400 bis 500 Pfund erreicht, in einigen Fällen weist er eine Körpergröße von fast 1 Meter 85 auf.

Die Paläontologen haben eine ganze Anzahl von Vorschlägen gemacht, wie dieses Phänomen erklärt werden könnte. So hat man beispielsweise angenommen, daß eine Zunahme in der Körpergröße in Begriffen einer größeren physiologischen Effektivität erklärt werden kann. Wenn sich der Körperumfang ausweitet, vergrößert sich die Körperoberfläche in einem weit geringeren Grad; zumindest bei warmblütigen Tieren tritt dann ein relativ geringerer Verlust an Körperwärme ein. All das will besagen, daß kleinere Körperformen proportional gesehen, mehr Nahrung und mehr Energie brauchen, um die Körpertemperatur zu erhalten, als das bei größeren, massigeren der Fall ist.

Eine Zunahme an Körpergröße bei Weidetieren ermöglicht es ihnen sicherlich, auf weiteren Flächen der Futtersuche nachzugehen; bei Raubtieren kann eine Zunahme an Körpermaß ihren Angriffen mehr Wucht verleihen. Die Wahrscheinlichkeit deutet jedoch darauf hin, daß der Komplex von Faktoren, die diesen Trend hervorrufen, bei den verschiedenen Stammbäumen doch sehr verschieden sein kann.

Man hat jedoch darauf hingewiesen, daß diese Tendenz zu gewissen Nachteilen führen kann, wenn sie sich zu weit fortsetzt. Dann nämlich kann sie das Erlöschen und das Ende der Stammbaumfamilie zur Folge haben. Der Umstand, daß auch einige kleine Lebensformen ausgestorben sind, darf hier nicht als Gegenargument verwendet werden. Es kann nämlich – und das ist tatsächlich so – eine Vielzahl von Gründen für die schlechte Anpassung und damit das Ende einer Gattung geben. All das wirft die Frage auf, ob der Mensch im Verlauf seiner zukünftigen Evolution etwa unterwegs zu einer weiteren Zunahme seiner Körpergröße ist. Die Tatsache, daß es in der Vergangenheit bereits einen progressiven Trend in diese Richtung gab, bedeutet natürlich keinesfalls, daß sich dieser Trend in der Zukunft fortsetzen wird. Wir wissen allzu wenig über die Natur dieses Phänomens, als daß wir auch nur mit einem gewissen Grad von Sicherheit seinen zukünftigen Gang voraussagen könnten. Jedenfalls müssen wir uns jedoch an ein noch junges Phänomen in der Geschichte der Menschheit erinnern, das auf den ersten Blick hierher gehörig erscheint und das sicherlich die Aufmerksamkeit und das Interesse vieler Menschen gefesselt hat.

Dieses Phänomen ist die stetige Zunahme der Körpergröße – und zwar Generation um Generation –, die zuerst in der westlichen Welt und in allerjüngster Zeit auch in Japan festgestellt wurde. Man hat schon oft festgestellt, daß die Rüstungen, die von den Rittern des Mittelalters benützt wurden, im allgemeinen viel zu klein sind, als daß sie auch nur ein Europäer von

Durchschnittsgröße heute tragen könnte. In vielen Familien überragen die Söhne ihre Väter und können die Töchter, selbst wenn sie das wollten, die Kleider ihrer Mütter nicht mehr anziehen.

Es gibt aber noch viel mehr spezifische Daten, die diese allgemeine Beobachtung bestätigen. Die Messungen, die in Schweden an Rekruten für die Armee vorgenommen werden, zeigen im vergangenen Jahrhundert eine fortschreitende Zunahme der Körpergrößen. Ähnliche Statistiken, die in Frankreich schon über einen längeren Zeitraum aufgestellt wurden, weisen eine ähnliche Tendenz auf. Die englischen Zahlen über dieses Phänomen sind besonders ausführlich, sie deuten darauf hin, daß dieser Prozeß bereits im achtzehnten Jahrhundert in vollem Gange war. Karl Pearson, ein ausgezeichneter britischer biologischer Statistiker, rekonstruierte beispielsweise die Körpergrößen an der Hand einer relativ großen Reihe von Skeletten, die in Moorfields und in Whitechapel in London ausgegraben wurden und aus dem siebzehnten Jahrhundert stammten. Die Durchschnittsgröße betrug 165 Zentimeter. Sir Francis Galton stellte fest, daß der englische Mann zwei Jahrhunderte später eine Durchschnittsgröße von 172 Zentimeter erreicht hatte. Neuere Zahlen zeigen ein noch stärkeres Größenwachstum. In den Vereinigten Staaten geht eine der ältesten Schätzungen auf die Revolutionskriege zurück. Die Proben ergeben – obwohl die Sammlung keineswegs vollkommen ist und wir ihre Altersstruktur nicht kennen – für Soldaten einen Durchschnittswert von 167,5 und für Matrosen einen solchen von 165 Zentimeter. Vor einigen Jahren veröffentlichte ich einen Aufsatz über Studien, die ich an einigen Skeletten aus dem Nagel-Friedhof in New York City vorgenommen habe. Dieser Friedhof, der in das achtzehnte Jahrhundert zurückreicht, war vernachlässigt und schließlich vollkommen vergessen worden. Erst als die Ausschachtungen für eine neue Tiefgarage in vollem Gange waren, wurden die alten Gräber wiederentdeckt. Glücklicherweise konnte ich einige der Skelette vermessen, ehe sie wieder bestattet wurden. Die Population war, wenn man nach den Namen in den Aufzeichnungen schließen kann, in erster Linie englisch, vermischt mit einigen wenigen Holländern. Ihre Durchschnittsgröße betrug 167,5 Zentimeter, sie entsprach also genau der der Soldaten aus der Revolutionszeit und war um einen Hauch größer als die der Londoner aus dem siebzehnten Jahrhundert. Etwa neunzig Jahre, drei Generationen also, später hatten die Soldaten in der Armee der Vereinigten Staaten einen Durchschnitt von knapp 174 Zentimeter. Bei ihnen handelte es sich um in den USA geborene Amerikaner vorwiegend britischer Abstammung. Während des Ersten Weltkriegs maßen amerikanische Soldaten, die jetzt Einwandererblut aus dem neunzehnten Jahrhundert einschlossen, im Durchschnitt knapp unter 172,5 Zentimeter. Wenn wir in Betracht ziehen, daß diese Zahl ursprünglich kleinere Menschen einschließt, als es die Briten sind, deuten diese Durchschnittswerte auf eine Fortsetzung der Tendenz zu einem progressiv höheren Körperwuchs.

Einen etwas spezifischeren Beweis liefern die Daten, die Gordon Bowles Jahrzehnt für Jahrzehnt über die Größe der Erstsemester an der Harvard-Universität liefert. Er beginnt dabei mit dem Dezennium von 1856 bis 1865. Die Durchschnittsmaße lauten wie folgt:

| | |
|---|---|
| 1856 – 1865 | 172,5 Zentimeter |
| 1866 – 1875 | 174 Zentimeter |
| 1876 – 1885 | 175 Zentimeter |
| 1886 – 1895 | 176,25 Zentimeter |
| 1896 – 1905 | 177 Zentimeter |
| 1906 – 1915 | 177,5 Zentimeter. |

Als die Körpergröße von Söhnen mit der ihrer Väter verglichen wurde, stellte Bowles einen Generationssprung von 3,51 Zentimeter fest. Ein ähnliches Phänomen war auch bei College-

Studentinnen zu beobachten, allerdings umfassen die Daten hier keinen so langen Zeitraum.

Eine der üblichen Erklärungen, warum die Körpergröße von Generation zu Generation stetig zunimmt, betrifft die Ernährung. Den Beweis für diese Behauptung folgert man im wesentlichen aus der Tatsache, daß Kinder mit einer kärglichen oder unter dem Standard liegenden Ernährung nicht die Größenwerte von besser ernährten Vertretern der gleichen Population erreichen. Allerdings wurde diese Feststellung nie richtig als eine schlüssige Gesamtbewertung dieses Trends hingenommen. Erstens einmal gibt es nur wenige, ja gar keine Hinweise darauf, daß sich die Ernährung zwischen 1750 und 1800 oder zwischen 1800 und 1850 sowohl in England wie in einem anderen westlichen Land, wo dieses Phänomen beobachtet wurde, merklich verbessert hat.

Auch kann niemand behaupten, daß die Ernährung beginnend um die 1920er Jahre in Japan einen plötzlichen und bemerkenswerten Sprung zu einem höheren Nährwert gemacht habe, und doch wiesen etwa von diesem Zeitpunkt an die Maße der japanischen Männer und Frauen eine stetige Zunahme auf. Jedem Besucher Tokios fällt sofort auf, wie sehr die jungen Japaner ihre Eltern überragen. Vor den Zwanziger Jahren hatte es keine auffallenden Veränderungen in den Generationen gegeben.

Wie bei vielen biologischen Vorgängen können normale Variationen in der Wachstumsrate und der Größe erwachsener Menschen die Gesamtsumme mehrerer zusammenwirkender Faktoren darstellen. Einer dieser Faktoren könnte das üppige Gedeihen bei Mischlingen (Heterosis) sein; ich stieß darauf, als ich vor vielen Jahren eine genetische Untersuchung der Nachkommen der englischen Meuterer von der Bounty und ihrer tahitischen Frauen vornahm. Die hybride Lebenskraft, das genetische Resultat, wenn man voneinander unabhängige Stämme von Pflanzen und Tieren miteinander kreuzt, hatte

ein wichtiges Forschungsgebiet dargestellt. Erforscht hat es Professor E. M. East, der 1919 eine der Hauptformulierungen des Phänomens festlegte.
Er beobachtete, daß natürliche Maisstämme, wenn sie gekreuzt werden, eine F1-Generation mit einer bemerkenswerten Steigerung von Größe und Produktivität hervorbrachten. Das führte dazu, daß sowohl Pflanzen- wie Tierzüchter von der Hybridisierung Gebrauch machten und dabei viel Erfolg hatten. In jüngerer Zeit wurden in Indien hybrider Weizen und hybrider Reis mit einer beträchtlichen Produktionssteigerung eingeführt. Bei meiner ersten Studie über die Nachkommen der Meuterer der Bounty, die ich 1923 vornahm, arbeitete ich mit der Kolonie, die von Pitcairn zur Norfolk-Insel ausgewandert war. Dabei konnte ich die vielleicht erste Demonstration der hybriden Kraft bei einer menschlichen Mischbevölkerung erbringen. Die Männer der ersten Generation, die auf Pitcairn geboren worden waren, hatten eine durchschnittliche Körpergröße von 177,8 Zentimetern. Dabei maß der kleinste Mann 175 und der größte 183,6 Zentimeter. Der Durchschnitt lag um etwa 6,5 Zentimeter höher als der der Männer auf Tahiti und etwas mehr als diese Zahl, verglichen mit den englischen Meuterern. Mit anderen Worten: die erstgeborene Hybridengeneration wies eine Zunahme von etwa 3,8 Zentimeter Körpergröße auf. Ihre Fruchtbarkeit war eine der höchsten, die ich je feststellen konnte – pro Ehe waren es 11,4 Kinder. In den folgenden Generationen haben diese Zahlen etwas abgenommen, und auch das bestätigt die Erfahrungen mit der Hybridisierung bei Pflanzen und Tieren. Die Kreuzung von unabhängigen menschlichen genetischen Stämmen hat nicht immer zu Resultaten geführt, die mit den Ergebnissen in Pitcairn zu vergleichen sind. Doch sind genug Parallelen vorhanden und registriert worden, die einen deutlichen Hinweis darauf erlauben, daß die hybride Lebenskraft auch bei menschlichen Kreuzungen auftreten kann und das auch tut.

Die Relevanz dieses Phänomens für die sich steigernden Körgermaße und -größen der europäischen und amerikanischen Populationen scheint durchaus überzeugend zu sein, wenn wir die Siedlungs- und die Geburtenübersichten vor und nach dem Beginn des Industriellen Zeitalters in Europa vergleichen und die vergleichbaren Effekte untersuchen, die sich aus der Wanderungsgeschichte der Vereinigten Staaten entwickeln. Im Mittelalter war die Population in Westeuropa unter einem Feudalsystem stabilisiert worden. Die Menschen lebten in kleinen Gemeinden, die oft voneinander isoliert waren. Ihre Mobilität war außerordentlich begrenzt – und zwar nicht nur durch ein Gesellschafts- und Wirtschaftssystem, das wenig oder überhaupt nicht zu einer Ortsveränderung verlockte, sondern auch dadurch, daß die Masse der Bevölkerung kein anderes Fortbewegungsmittel besaß als die eigenen Beine. Diese Gemeinden tendierten wie Enklaven unter den gegebenen Umständen dazu, praktisch isolierte Inzuchteinheiten zu werden. Es war unwahrscheinlich, daß ein junger Mann, der eine Frau suchte, sehr weit ging, um sie zu bekommen – jedenfalls kaum weiter als bis zum nächsten Dorf. Wenn die Hochzeit zudem, wie es häufig üblich war, durch die Eltern arrangiert wurde, fiel die Wahl im allgemeinen auf eine Nachbarstochter. Selbst heute noch werden in Indien, wo der größte Teil der Bevölkerung in kleinen Dörfern lebt und keine Transportmittel zur Verfügung hat, diese geographischen Begrenzungen in den Nachwuchsübersichten beobachtet und registriert.

Solche Umstände führen ganz offensichtlich zu reiner Inzucht und zu einer genetischen Differenzierung innerhalb der nationalen Population. Eine jüngere Studie solch alter Bevölkerungsenklaven in dem kleinen Raum eines Tals in Italien enthüllte, daß sich im Verlauf einiger Generationen der Inzucht deutliche genetische Unterschiede bei den verschiedenen genetischen Gruppen, die sich voneinander differenzierten, angesammelt hatten. Dieses Ansteigen von ganz bestimmten Zügen

innerhalb einer einzigen Population dürfte demnach als ein normales Ergebnis der Isolierung erscheinen.
Die Auswirkungen, die dann häufig in solchen Inzuchtgemeinden beobachtet wurden, waren eine Abnahme der Körpergröße (eine Parallele findet sich bei den in Experimenten festgestellten Daten bei Tieren) und eine starke Zunahme genetischer Defekte. Das erste sah ich sehr deutlich in einer kleinen Gemeinde in Italien illustriert, die ich vor einigen Jahren besuchte. Jahrhundertelang war dieser Ort, Settifrati – der letzte Ort an einer Straße östlich von Rom, ehe der Anstieg in die unbewohnten Berge beginnt – praktisch von jedem Kontakt mit seinen Nachbarorten abgeschnitten.
Bis wenige Jahre vor meinem Besuch in Settifrati bestand der einzige Zugang zu dem Ort in einem Eselspfad. Die Folge war, daß die Familien, aus denen die Gemeinde bestand, in höchster Inzucht lebten. Es gab nur etwa ein halbes Dutzend Familiennamen für eine Bevölkerung, die einmal über tausend Seelen betragen hatte. Ein Charakteristikum, das mir sofort auffiel, war die geringe Körpergröße der Einwohner, die deutlich unter dem Durchschnitt der gleichen ethnischen Gruppe lag, die in weniger isolierten Dörfern des gleichen Gebiets lebte.
Es gibt eine ganze Anzahl von Untersuchungen über solche Inzuchtgemeinden – darunter auch solche in entlegenen Berggemeinden Japans, die die Schlußfolgerung verstärken, daß die Inzucht dazu tendiert, die Körpergröße zu reduzieren; das erklärt auch die geringe Körpergröße der mittelalterlichen Populationen in Europa.
Zusammen mit der verringerten Körpergröße weisen solche Inzuchtgemeinden auch eine viel größere Häufigkeit geistiger und körperlicher Defekte auf. Eine Verringerung der geistigen Fähigkeiten sowie eine Zunahme genetischer Gehörstörungen sind von solchen Gruppen in Neuseeland, aber auch in der Schweiz, berichtet worden. Eine verhältnismäßig seltene rezessive Störung mag sich in einem bedeutsamen Maße in der normalen

Gemeinde mit auswärtigen Heiraten nicht zeigen; wo aber die Inzucht die normale Übung ist, wird sie weit wahrscheinlicher zu einem ernsten Problem werden. Das hat sich beispielsweise auf der Insel Tristan da Cúnha ereignet, wo eine kleine Population seit Beginn des neunzehnten Jahrhunderts in Inzucht lebte und wo heute der Fortbestand dieser Population von einer genetischen Pathologie bedroht ist.

Die Existenz von voneinander verschiedenen genetischen Stämmen oder Populationen innerhalb einer Nation kann auch, wie sehr wohl bekannt ist, von wiederholten Invasionen herrühren. Kleine Gruppen von Einheimischen, die sich vor den Eindringlingen zurückzogen oder die von diesen in Fluchträume gedrängt wurden, haben sich häufig jahrhunderte- ja sogar jahrtausendelang erhalten.

Die Waliser und die gälischen Gruppen in Schottland repräsentieren solche Blutstämme, die nie in die allgemeine Population absorbiert wurden. Ähnliche überlebende Linien sind auch überall sonst in Europa bekannt: um nur einige wenige zu nennen, seien hier die Basken, die Bretonen, die Wallonen und die Flamen erwähnt. Auf diese Art produzierten Isolierung und Stammesgeschichte ein Flickwerk von voneinander verschiedenen genetischen Linien, die sich miteinander vermischten als der Zustrom aus diesen verschiedenen Gemeinden die industriellen Zentren zu überfluten begannen, die im achtzehnten Jahrhundert in England überall aufblühten; etwas später war auf dem Kontinent der gleiche Vorgang zu beobachten. Menschen vom Land, die für viele Generationen einen ganz beträchtlichen Grad von Isolation gewahrt hatten, traten jetzt in engen Kontakt mit den anderen Blutlinien der neuen Umgebung. Aus dieser Vermischung ergab sich eine hybride Lebenskraft (Heterosis).

In den Vereinigten Staaten traten Blutlinien aus den verschiedensten Teilen Großbritanniens, die daheim vielleicht nie miteinander in Berührung gekommen waren, jetzt in einen engen

Kontakt. Die Folge war eine Vermischung, die in England erst im achtzehnten und neunzehnten Jahrhundert begann, in den amerikanischen Kolonien jedoch bereits im frühen siebzehnten Jahrhundert. Dazu kam natürlich auch der Strom der europäischen Einwanderer, deren Verbindung mit dem größten Teil der britischen Bevölkerung in Europa schon seit mehreren Jahrtausenden abgeschnitten war.

Diese Theorie kann durch einen Blick auf die Japaner bestätigt werden, die seit dem Beginn ihres Industriezeitalters ganz ähnliche Erscheinungen erlebt haben.

Seit Jahrhunderten hatte Japan ebenfalls eine geographisch höchst stabilisierte Population. In vielen Siedlungen herrschte die Inzucht genauso wie im mittelalterlichen Europa. Im großen und ganzen waren die Japaner entschieden kleine Menschen. Die sehr kennzeichnende Zunahme in der Größe der jungen Generation von heute kann zeitlich auf den Beginn der modernen Industrialisierung in den 1920er Jahren festgelegt werden. Diese beginnende Industrialisierung brachte eine sehr große Bevölkerungsverschiebung mit einer darauffolgenden Vermischung der genetischen Linien mit sich, die sich in den vorausgegangenen Jahrhunderten entwickelt hatten. Es ist, darauf möchte ich nochmals hinweisen, bezeichnend, daß sich in Japan früher keine Spur dieser Wandlung zeigte, während das Phänomen in Europa schon voll im Gange war, und daß es in Japan zwei Jahrhunderte später genau mit der industriellen Umstellung zusammenfällt – wie ehedem in Europa.

Ich habe die Fluktuationen in der Körpergröße sowohl des modernen wie des früheren Menschen so eingehend erörtert, um die Position klarzustellen, die der Pekingmensch nicht nur in Beziehung zu seinen Vorgängern, sondern auch zu seinen Nachfolgern einnimmt. Ich glaube, es ist offenkundig geworden, daß der Größenzuwachs, den verschiedene industrielle Populationen gezeigt haben, keineswegs ein Teil eines permanenten evolutionären Trends ist.

Diese Veränderungen sind zu schnell gekommen, als daß sie eine Tendenz wiederspiegeln; sie sind typischer für ephemere Bedingungen sowohl genetischer wie umweltbedingter Art. Das straft jedoch keineswegs die stetige, sichere und weit extensivere Modifizierung in der hominiden Linie Lügen, die in den fossilen Relikten aus mehreren Millionen von Jahren klar zu erkennen ist.

In diesem Zusammenhang können wir eine progressive Kurve nach oben feststellen; es gibt dabei einige kleinere Fluktuationen, die anderen Faktoren zuzuschreiben sind. So kann man sagen, daß der Pekingmensch in Größe und Statur die unterste Sprosse zur Variante des *Homo sapiens* erreicht hat.

Ehe wir uns dem Gesicht des Pekingmenschen zuwenden, können wir aus den fossilen Knochen mehrere andere seiner Körpereigenschaften ableiten. Aus den Längen des Oberschenkel- und des Oberarmknochens können wir klar erkennen, daß die Proportion zwischen Arm und Bein beträchtlich größer ist als beim modernen Menschen. Das spiegelt offensichtlich einen primitiveren Zustand wider. Der für die Hominidenlinie typische Grundzug ist die aufrechte Körperhaltung und der aufrechte Gang.

Der Nachweis dafür in den fossilen Relikten des Pekingmenschen ist daher ein unwiderlegbares Kriterium für seine Zugehörigkeit zu der Linie der Hominiden. Wenn sich die entstehenden Hominiden geschickt und effektiv in ihrer neuen Umwelt, auf dem Boden, bewegen wollten, war eine relative Zunahme der Beinlänge unbedingt erforderlich. Parallel zu dieser Veränderung erfolgte eine Verkürzung der Arme, die bei der Fortbewegung jetzt keine Rolle mehr spielten. So ist im Verlauf der menschlichen Evolution eine allmähliche Verlagerung zu beobachten; der moderne Mensch weist im Verhältnis zur Beinlänge die kürzesten Arme auf – oder wenn man es anders ausdrückt, im Verhältnis zur Länge der Arme und des ganzen Körpers hat er die längsten Beine. Beim Gorilla beträgt die Proportion der Länge des Oberarmknochens zum Oberschenkelknochen 117,0, bei den Schimpansen etwa 101,0 Bei dem modernen Chinesen ist im Verhältnis zueinander das Bein viel länger und der Arm so viel kürzer geworden, so daß dieser Wert in der Folge auf 70,0 bis 71,0 verringert wurden. Beim Pekingmenschen betrug er, Weidenreich zufolge, 79,3.

Unter den wenigen Skelettfragmenten des Pekingmenschen wurde auch ein fast vollständiges Schlüsselbein ausgegraben. Seine Struktur war ziemlich robust, es unterschied sich in keiner Weise von dem unsrigen. Das Schlüsselbein gab uns die Möglichkeit, die Schulterbreite des Pekingmenschen zu messen. Wenn man seine Größe in Rechnung stellt, muß sie sehr beträchtlich gewesen sein.

Nach all diesen Beweisen können wir uns seine Statur vorstellen. Er war ziemlich klein, aber muskulös und breitschultrig; er hatte ziemlich kurze Beine und lange Arme, die viel näher an die Knie heranreichten, als das bei uns der Fall ist.

Wenn wir einem Fremden begegnen, ist es aber in erster Linie das Gesicht, das unsere Aufmerksamkeit auf sich lenkt. Viele Menschen gehen sogar so weit, aus den Gesichtszügen und der Schädelform eines Fremden Rückschlüsse auf seinen Charakter und seine Persönlichkeit zu ziehen. Obwohl die Phrenologie heute nicht mehr die ernste Beachtung genießt wie im frühen neunzehnten Jahrhundert, als sie überall die große Mode war, sind ihre subtilen Auswirkungen immer noch vorhanden. Ein bekannter britischer Romanschriftsteller hat erzählt, daß seine Zukunft und die seines Bruders durch phrenologische Messungen bestimmt wurden, die sein Vater angeordnet hatte. Auf Grund dieser phrenologischen Diagnose hielt man ihn für eine höhere Bildung für geeignet und schickte ihn daher auf die Universität.

Obwohl aber die Phrenologie inzwischen praktisch ihre Bedeutung verloren hat, werden physiognomische Richtlinien auch heute noch beachtet. Selbst heute bezeichnen Romanautoren ein stark vorspringendes Kinn immer noch als einen Hinweis auf Charakterstärke und eine hohe breite Stirn als Kennzeichen eines hervorragenden Intellekts. Wir haben alle schon von dicken, sinnlichen Lippen gelesen, die eine Warnung, aber auch eine Verlockung sein können. Und wer würde schon einem Menschen mit eng stehenden Augen Vertrauen schenken oder dem das Vertrauen verweigern, dessen Augen einen weiten Abstand haben?

Ich fürchte, daß der Pekingmensch, wenn wir diese Kriterien auf ihn anwenden würden, weit unter Verdienst eingestuft werden würde. Er besaß kein Kinn von der Art, wie wir es uns vorstellen, und seine Stirn war ganz entschieden niedrig. Noch mehr: sein Schädel war nach unseren Maßstäben verhältnismäßig klein und ganz deutlich abgeflacht. Vertrauen hätten wir ihm jedoch geschenkt, denn seine Augen besaßen einen großen Abstand.

Was wir allgemein als das Kinn ansehen, ist der vorspringende untere Teil des Kiefers: technisch gesehen bildet der ganze vordere Unterkiefer diesen Teil des Gesichts.

Wir sind so daran gewöhnt, diesen Vorsprung des unteren Gesichtsteils zu sehen, daß wir jemand für kinnlos halten, wenn ihm dieses Charakteristikum fehlt. Das „Kinn“ stellt aber im Verlauf der menschlichen Entwicklung eine relativ junge Erwerbung dar. Der unmittelbare Vorgänger des modernen *Homo sapiens,* der Neandertaler, der in Europa bis vor etwa 45 000 Jahren lebte, weist häufig kein vorspringendes Kinn auf, obwohl man in einigen wenigen Fällen die Ansätze dazu entdecken kann. Die primitiveren Formen des Menschen besaßen samt und sonders kein Kinn. Von den Zahnwurzeln aus führte eine Schräge nach unten und leicht nach hinten. Diese Form bildet, mehr oder weniger ausgeprägt, die Regel für alle Primaten, ja sogar für alle Säugetiere; funktionell steht sie in Verbindung mit der vorstehenden Schnauze.

Bei den Hominiden setzte jedoch – und zwar schon sehr früh

in ihrer Entwicklung – eine Änderung in der Bezahnung ein. Die großen vorspringenden Augenzähne ihrer Ahnen gingen in der Größe ganz massiv zurück und die Lücke in der Zahnreihe, die es gestattete, daß die oberen und die unteren Augenzähne beim Zubeißen ineinandergreifen, schloß sich allmählich, als die vorderen Zähne sich zurückbildeten. Die Zähne wurden ganz allgemein kleiner. Die Molare, die früher vom ersten bis zum dritten merklich an Größe zugenommen hatten, wurden jetzt einer bezeichnenden Modifizierung unterzogen, die Größenordnung wandelte sich. Ganz offensichtlich wurde die Zahnfunktion durch die Anpassung daran beeinflußt, daß der Mensch jetzt am Boden lebte, sowie durch eine Änderung in der Ernährung. Möglicherweise spielte es auch eine Rolle, daß die Hand einige der früheren Funktionen der Zähne übernahm. Die Fachleute streiten sich bis heute noch über all diese Dinge, sie alle erkennen jedoch diese unbestreitbaren Veränderungen an. Diese Abnahme des Kauvermögens und der Kaukraft spiegelte sich in der Schrumpfung des Kinnbackenknochens; von einem ganz bezeichnend vorspringenden Gesichtsteil, der ein Stück über die Stirn vorragte, wich er allmählich zurück, bis er bei uns einen Teil des Gesichts bildet, das seinen Platz mehr oder weniger unter der Stirn hat.

Dieses Zurückweichen und die Verfeinerung des Kinnbackenknochens setzte ihn wiederum muskulären Spannungen aus, denen früher die Robustheit des Kieferknochens selbst entgegengewirkt hatte – und im Kiefergerüst des Affen, bei dem die Muskelkraft sogar noch größer war, eine Art horizontaler Stütze an der Innenseite des Kinns, die als „Affenplatte“ bekannt ist. Ein Muskelstrang, die inneren Flügelmuskeln (Pterygoiden), bewirkt eine starke Spannung, die sich noch gesteigert hat, als der Kieferknochen zurückwich, und zwar hauptsächlich wegen der daraus resultierenden Veränderung in der Beziehung und der Winkelbildung zwischen Muskel und Knochen.

Das wiederum führte zu einer Verdickung des Kinnraums, wo sich der rechte und der linke Kieferknochen vereinigen. Statt der Bildung einer inneren Platte, so wie das bei den Affen der Fall ist, entwickelte sich die Verdickung jedoch an der unteren äußeren Oberfläche, denn eine Affenplatte in dem bemerkenswert verkleinerten Kieferbau hätte für die Zunge einen völlig unzureichenden Platz gelassen.

Beim Pekingmenschen war dieser Verdickungsprozeß natürlich schon ziemlich weit fortgeschritten, hatte aber noch keineswegs das Stadium erreicht, in dem man das Kinn hätte sehen können.

Das Zurückweichen des Gesichts hatte noch eine andere Wirkung, die das menschliche Antlitz deutlich anders, wenn nicht, wie im Fall des Kinns, einzigartig gestaltet hat. Die Nase, die bei den Affen fast flach ist und einen kaum unterscheidbaren Rücken besitzt, ist beim *Homo sapiens* zu einem höchst bemerkenswerten Charakteristikum geworden.

Ihre Größe, ihre Biegung und ihre Ausbauchung an den Flügeln werden festgestellt und bewertet, aber nicht immer nach den gleichen Maßstäben, da die verschiedenen Kulturen und Populationen dazu tendieren, in diesem Punkt ihre eigenen ästhetischen Kriterien aufzustellen. Es ist vielleicht ein Glück, daß die meisten Europäer und Amerikaner, die Afrika, China oder Polynesien – um nur einige Gebiete zu nennen – als Touristen besuchen, die Eingeborenensprachen nicht genügend kennen, um die Kommentare zu begreifen, die ihre Nasenunterscheidungsmerkmale bei denen hervorrufen, die dabei weniger begünstigt oder andersartig ausgestattet sind. Ich erinnere mich sehr wohl an die Bemerkungen eines polynesischen Freunds über den eigenartigen Nasenaufbau der Europäer, den er mit großen Erstaunen studiert hatte. Die „aristokratische" Nase der Virginia Woolf hätte in seiner Beurteilung ein ganz anderes Eigenschaftswort erfordert.

Genau so wie das Kinn eine Folge der Reduzierung des Gesichts und des Kiefers im Verlauf der menschlichen Entwicklung war, so kann man in der typisch vortretenden Nase des *Homo sapiens* ein Ergebnis des gleichen Vorgangs sehen. Während der Unterkiefer ein Teil des Reduzierungsprozesses war – wobei sich das Kinn als eine Sekundärreaktion auf die daraus resultierenden Muskelspannungen entwickelte –, ist die Nase eine Art Mesa, die ihre Größe beibehalten hat, während die sie umgebenden Gesichtsteile „erodierten" – d. h. zurückwichen. Da die Funktion der Nase und ihrer Kammern intakt geblieben ist, konnte ihr Knochengehäuse nicht reduziert werden, als das übrige Gesicht zurückwich. Die unvermeidliche Folge davon war natürlich, daß ihre Struktur immer deutlicher sichtbar hervortrat. In diesem Fall handelte es sich also um kein Wachstum, die Nase behielt lediglich ihre ursprüngliche Größe bei.

Bei dem Pekingmenschen ist die Nase, vor allem, wenn man sie mit den frühen Hominiden und den Affen vergleicht, etwas hervorgetreten. Nach europäischen Maßstäben könnte man sie allerdings als niedrig und als relativ breit bezeichnen. Trotzdem ist sie ein Gesichtszug, den wir als ausgesprochen menschlich und als im Bereich des modernen Menschen liegend anerkennen müssen.

Da man die Abhängigkeit einer vorstehenden Nase und eines vortretenden Kinns von der Schrumpfung des Gesichts ableiten kann, deutet die Tatsache, daß der Pekingmensch kein Kinn und nur ein flache Nasenerhebung besitzt, darauf hin, daß sich sein Gesicht nicht so drastisch „zurückgezogen" hat, wie das des modernen Menschen. Im Profil gesehen sprang sein Gesicht vor, technisch gesprochen könnte man es prognathisch nennen. Wenn man das Gesicht des Pekingmenschen jedoch mit denen von Affen oder sogar mit denen von so frühen Hominiden wie den *Australopithecinen* vergleicht, war seine Vorwölbung nur gering.

Die Breite seines Gesichts war ebenfalls sehr bemerkenswert, zum großen Teil war das den vortretenden Backenknochen zuzuschreiben. In seiner detaillierten Studie über den Schädel klassifiziert Weidenreich diese Charakteristika als solche einer Reihe, die stark auf den modernen mongoloiden Menschen hinweisen.

Unter den sichtbaren Körpermerkmalen des Pekingmenschen war vielleicht keines so entscheidend wie die Größe und die Bildung des Schädels. Der erste und auffälligste Zug war das massive Vorragen der Stirn gerade oberhalb der Augen. Zuzuschreiben war das der kräftigen Entwicklung eines über den Augenhöhlen liegenden (supraorbitalen) Wulsts – eines horizontalen Knochenriegels, der sich der vollen Breite nach über den unteren Rand der Stirn erstreckte.

Diesen Wulst (Torus) bezeichnet man als ein primitives Charakteristikum, da es bei den frühesten Vorfahren des Menschen hoch entwickelt war und ein besonderer Zug auch bei den anthropoiden (Menschen-)Affen ist. Während sich jedoch bei den Vorgängern des Pekingmenschen diese vorspringende Stirn in einem sehr niedrigen Winkel nach rückwärts und nach oben abflacht, hat die Ausweitung des Gehirns beim Pekingmenschen zu einer leichten Wölbung geführt, die etwas steiler unmittelbar über den Wulst ansteigt und ihm somit eine Art von Stirn gibt.

Die Masse des Gehirns ist beim Pekingmenschen erheblich größer als bei den *Australopithecinen* oder sogar bei seinem Verwandten, dem Javamenschen. Im Durchschnitt hatte sein Gehirn eine Masse von 1075 Kubikzentimetern, etwa die doppelte Größe der Gehirne bei den frühen Hominiden. Wenn man es mit dem modernen Menschen vergleicht, so bleibt es gegenüber jeder lebenden Gruppe um etwa 200 – 300 Kubikzentimeter zurück.

Nach allen unseren heutigen Maßstäben wäre der Pekingmensch demnach kleinköpfig gewesen. Und wenn nicht Haare die Form seines Schädels verdeckt hätten, so hätten wir auch seine eigenartige Form feststellen können. Der Schädel war relativ flach, seine größte Breite besaß er gerade oberhalb der Ohren. Die Seitenwände schrägten in einer doppelten Fläche nach innen und oben ab, das Ganze hatte eine gewisse Ähnlichkeit mit einem Walmdach. Ein ausgesprochener Kamm erstreckte sich der Länge nach über die Mitte des Scheitels und ein starker Knochenkamm ragte gerade über dem Genick nach hinten. Dieses letzte Charakteristikum spiegelt zum Teil das Vorhandensein von sehr starken Nackenmuskeln, die dazu dienten, den Kopf auf der Wirbelsäule zu balancieren. Das deutet darauf hin, daß der Pekingmensch eine Art Stiernacken hatte, wobei die Muskeln hoch auf dem Hinterhaupt saßen und den gerundeten Vorsprung verdeckten, der beim modernen Menschen vorhanden ist.

Wenn Weidenreichs Auslegung einer ganzen Anzahl von Einzelheiten der Zähne, des Skeletts und des Schädels richtig ist, hätte man den Pekingmenschen auf den ersten Blick daran erkennen können, daß er mongoloider Herkunft zu sein schien. Bei einer eindrucksvollen Zahl von Zügen fand Weidenreich Charakteristika, die besonders für den modernen Chinesen und verwandte Blutslinien typisch sind.

Dafür ein Beispiel: Der „schaufelförmige" Schneidezahn ist ein Zahn, der an den seitlichen Rändern eine Verdickung aufweist, die ihm eine leichte Ähnlichkeit mit einer altmodischen Kohlenschaufel gibt. Bei den heutigen Chinesen findet man ihn sehr oft, genauso wie auch bei anderen mongoloiden Populationen. Selbst die amerikanischen Indianer, die mit diesen Blutslinien verwandt sind, teilen dieses Charakteristikum; die Polynesier, die sehr wahrscheinlich der Herkunft nach wenigstens zum Teil mongoloid sind, weisen es ebenfalls, wenn auch weniger häufig auf. Bei nichtmongolischen Völkern, wie den europäischen oder afrikanischen, ist dieses Merkmal nur sehr selten zu finden. Der Umstand, daß der Pekingmensch ebenfalls diese Art von Vorderzahn besitzt, ist unter diesen Umständen außerordentlich bedeutungsvoll.

Weidenreich fand jedoch bei den *Sinanthropinen* noch weitere Merkmale, die besonders für heute lebende mongolische Völker charakteristisch sind, während sie bei anderen selten auftreten oder überhaupt nicht vorkommen. Unter anderen führt Weidenreich eine Abflachung des Schafts des Oberschenkelknochens auf, die als Platymerie bekannt ist; die Form, die Konturen und die Winkelbildung der Nasenknochen; die architektonischen Details der Backenknochen; das häufige Vorkommen von Exostosen oder knochigen Auswüchsen im Oberkiefer und an den Ohrknöchelchen; sowie das bemerkenswert häufige Auftreten der sogenannten „Inkaknochen", die man im Hinterhauptbereich des Schädels findet. Er faßte die Ergebnisse all dieser Vergleiche in der Behauptung zusammen, sie bestätigten „erstens die These, daß der *Sinanthropus* ein direkter *Ahne des Homo sapiens* ist, und zweitens, daß eine engere Verwandtschaft zu den Mongolen – oder zum mindesten zu gewissen mongolischen Gruppen – besteht als zu irgendwelchen anderen – und besonders den weißen Rassen.

Auf jeden Fall kann man mit völliger Sicherheit sagen, daß Rassengruppen, die mit diesen Körpermerkmalen ausgestattet sind, den *Sinanthropus* zu ihren Vorfahren zählen. Wenn nur ein einziges Körpermerkmal übermittelt worden wäre, so hätte diese Verwandtschaft angezweifelt werden können, da es sich aber um nicht weniger als zwölf handelt, die sich auf die gleiche Art verhalten, kann dieses Zusammentreffen nicht mehr zufällig sein."

Daß die heute lebenden Chinesen im Pekingmenschen zum mindesten einen ihrer Ahnen sehen, wäre durch diese Vergleiche, die Weidenreich angestellt hat, in vollem Umfang gerechtfertigt. Daß der Pekingmensch wie eine primitive Version des heutigen Chinesen aussah, darf an Hand der zur Verfügung stehenden Daten als nachgewiesen gelten.

# 4 Wie der Pekingmensch lebte

Wie die Männer und die Frauen im Raum von Peking vor etwa 500 000 Jahren lebten, kann nur aus den archäologischen Spuren ihrer Tätigkeit sowie aus dem erschlossen werden, was wir noch heute bei primitiven Jäger-Sammlervölkern beobachten können. Man hat auch darauf hingewiesen, daß das Verhalten der Primaten viel Licht auf die soziale Organisation des primitiven Menschen werfen könnte. Diese Theorie wurde jedoch von George B. Schaller und Gordon Lowther energisch angegriffen. Sie weisen auf die großen Diskrepanzen hin, die selbst zwischen eng verwandten Primatengruppen bestehen. Diese Unterschiede können sich sehr leicht aus den verschiedenen Methoden ergeben, sich den ökologischen Bedingungen anzupassen. Schaller und Lowther halten es ganz im Gegenteil für wertvoll, fleischfressende Nichtprimaten mit dem primitiven Menschen zu vergleichen, da beide Jagdtiere sind.

Insgesamt stellen die einfachen heute lebenden Jäger-Sammlervölker eine weit zuverlässigere Vergleichsbasis dar für den *Sinanthropus* – da er den heute lebenden Menschen in seiner physischen, intellektuellen und kulturellen Evolution viel näher steht als alle anderen primitiven Hominiden oder Primaten.

Obwohl es durchaus in die Irre führen kann, Parallelen zwischen einfachen Kulturen unserer Zeit und solchen vor einer halben Million von Jahren zu ziehen, kann diese Methode, mit der nötigen Vorsicht gehandhabt, durchaus wertvolle Einblicke liefern.

So waren beispielsweise Bogen und Pfeil, die einen ganz gewaltigen Unterschied in der Nahrungsmittelmenge bedeuten, die man sich in einem gegebenen Raum verschaffen kann, und die von den heutigen Jägervölkern weithin benützt werden, dem Pekingmenschen unbekannt. Und doch kann uns – ich werde das später noch erörtern – die Relation zwischen der Größe der Population und der Ökologie bei modernen Jäger-Sammlervölkern sehr wertvolle Hinweise auf die Größe der Peking-Gemeinde geben.

In gewisser Hinsicht lebte die Peking-Population in einer Art von und aus dem Land, die sich, soweit es um das schlichte Sammeln von Nahrung ging, nicht wesentlich von der der heutigen Jäger-Sammlervölker unterscheidet. Sie sammelten die natürlichen Produkte des Landes und jagten seine wilden Bewohner des Fleisches wegen. Lange, ehe Kulturpflanzen entwickelt und im Ackerbau verwendet wurden, sammelten Männer und Frauen – und dabei die Frauen wohl mehr als die Männer – die pflanzliche Nahrung, die in ihrem Raum wuchs. Wir wissen, daß Samen, Früchte und Nüsse Hauptbestandteile ihrer Nahrung gewesen sein müssen, weil unverdaute Samen in versteinerten Fäkalien botanisch identifiziert wurden; wir wissen dies auch aus Spuren anderer Wildprodukte in den Abfallhaufen ihrer alten Lebensräume.

Für uns, die wir gewöhnt sind, nach besten Maßstäben ausgewählte, sorgfältig gepflanzte Saaten zu ernten, fällt die Vorstellung schwer, daß die meisten davon unter natürlichen Bedingungen nicht existieren und daß die Wildpflanzen, aus denen unser Weizen, Reis, Mais und Gerste gezüchtet wurden, einen weit geringeren Ertrag lieferten als die entwickelten Stämme. Die höchst komplizierten und künstlichen Methoden des modernen Ackerbaus mit seinen üppigen Ernten auf stark konzentrierten Flächen nahmen erst vor 10000 bis 12000 Jahren ihren Anfang. Vor dieser Zeit waren die Vorläufer dieser und anderer Nahrungspflanzen dünn über weite Flächen verteilt und erforderten von ihren Sammlern eine intime Kenntnis der Landschaft. Vor dem Aufkommen und der Entwicklung des Ackerbaus mußten alle Menschen diese wilden Früchte und Samen sammeln – ausgenommen natürlich diejenigen, die unter so schwierigen Bedingungen lebten wie die Eskimos in der Arktis. Und auch die Eskimos sammeln während der nur sehr kurzen Mittsommerzeit Wildfrüchte zur Ergänzung ihrer Kost. Selbst in den Wüstenflächen Australiens können die Ureinwohner eine überraschende Vielfalt von Pflanzen finden und verwenden, die sich diesen widrigen Bedingungen angepaßt haben. In gemäßigten Zonen, wo die Winter eßbare Pflanzen auf bestimmte Jahreszeiten beschränken, war ihre Verfügbarkeit begrenzt, falls nicht bereits besondere Lagerungstechniken entwickelt worden waren, die eine zeitliche Verlängerung ihrer Verwendung ermöglichten. Ob die *Sinanthropinen* bereits über solche Lagerungstechniken verfügten, wissen wir nicht.

In den Jäger-Sammler-Gesellschaften unserer eigenen Zeit brechen die Frauen häufig in Gruppen auf, die älteren Kinder helfen ihnen dabei. Da das Einsammeln von wilden Samen, Früchten und Wurzeln selbst unter den günstigsten Bedingungen eine zeitraubende Arbeit ist, und der Ertrag gewöhnlich nur für etwa einen Tag ausreicht, muß es eine Alltagsarbeit gewesen sein, die vielleicht den ganzen Vormittag in Anspruch nahm.

Ich glaube durchaus, daß die *Sinanthropinen*-Frauen aus dem Nahrungssammeln auch so etwas wie ein gesellschaftliches Ereignis machten, da sie ja in Gruppen gingen und auch ihre Kinder mitnahmen. Die Kinder brachten unvermeidlicherweise eine gewisse Ablenkung; sie spielten und brauchten gelegentlich auch eine mütterliche Betreuung oder Bestrafung.

Was diese Frauen als Sammelbehälter für ihre Ernte benützten, ist unbekannt. Angesichts ihrer doch schon fortgeschrittenen Kultur erscheint es unwahrscheinlich, daß sie einfach aßen, was sie sammelten, so, wie es die Primaten tun und die frühen Hominiden wahrscheinlich ebenfalls taten. Es mußte etwas sein, in dem sie die gesammelten Nahrungsmittel mit sich nehmen konnten. Da sie sich Stunde um Stunde durch Wald und Feld arbeiteten, mußten ihre Hände auch für das Auflesen, Pflücken oder Ausgraben frei sein.

Da sie nichts von der Töpferei und höchstwahrscheinlich auch nichts vom Korbflechten verstanden, bestanden meiner Vermutung nach die einzigen Möglichkeiten, die sich ihnen boten, darin, daß sie Kürbisse verwendeten, wenn sich diese in ihrer näheren Umgebung in genügender Größe fanden, oder große, zähe Blätter, die sie mit Zweigen und Dornen zusammenstekken konnten. Vielleicht verwendeten sie auch Holzschüsseln, die sie mit ihren Stein- oder Knochenwerkzeugen aus gefallenen Baumstämmen aushöhlten, vielleicht aber auch Beutel aus Tierhäuten oder Leder.

Obwohl die letztere Möglichkeit für eine so primitive Kultur zu kompliziert und zu kunstvoll erscheinen mag, ist es doch nicht von der Hand zu weisen, daß sie etwas von der Technik verstanden, die Häute wilder Tiere zu präparieren und zu verwenden. Letzten Endes lebten sie in einer alles andere als tropischen Region. Sie hätten kaum die Härten eines auch nur milden Winters überleben können, wenn sie nicht eine Art von Kleidung besessen hätten, mit der sie ihre frierende Nacktheit hätten schützen können. Sie hatten ja keine isolierende Körperbedeckung wie den dichten Pelz anderer Säugetiere oder eine dicke Fettschicht unter der Haut, die dem gleichen Zweck hätte dienen können.

Da die Kunst des Webens erst Hunderttausende von Jahren später entwickelt wurde, wären die einzigen natürlichen Rohstoffe, um den Körper zu bekleiden, Rinde, Schilf oder Gräser sowie Tierhäute gewesen. Die pflanzlichen Stoffe hätten kaum eine Lösung dargestellt. Tatsächlich wäre die Entdeckung der Verwendung von Tierfellen zu dem Zweck, die Körperwärme in kaltem Wetter zu bewahren, der kritische Faktor dafür gewesen, daß sich der frühe Mensch in der Lage sah, in die gemäßigteren und kalten Gebiete der Alten Welt vorzudringen. Jene Menschen nämlich, die aus tropischen und subtropischen Zonen stammten, waren bestenfalls von einem dünnen Haarwuchs bedeckt, der kaum Schutz gegen die Kälte bot.

Dieser Prozeß stellt damit ein weiteres Beispiel dafür dar, wie sich der Mensch in seiner Evolution in steigendem Maß mehr durch Technologien als durch physiologische oder anatomische Veränderungen seiner Umwelt angepaßt hat.

Wie solche Häute präpariert und schließlich zu Gewändern verarbeitet worden sind, können wir natürlich lediglich vermuten, da diese Kleider – wie das Fleisch ihrer Träger – verfault und verschwunden sind und keine Spur von ihrer Herstellung oder Verwendung hinterlassen haben. Falls sie zugeschnitten und zu passenden Gewändern zusammengenäht worden sind, hätten wir damit rechnen können, bei unserer Suche Schneidewerkzeuge oder Nadeln zu finden, mit denen die Pekingmenschen diese Arbeit leisteten. Aber selbst das Fehlen dieser Werkzeuge würde die Verwendung von Fellen nicht ausschließen, man hätte sie ja schließlich einfach um den Körper drapieren können. Wenn daher die Verwendung von Tierfellen bei diesen frühen Menschen notwendig gewesen wäre, um in einem kalten Klima überleben zu können, wäre gleichzeitig die Frage gelöst, wie man Behälter für die Sammelexpeditionen gewann.

Wir neigen dazu, den dekorativen Wert der Kleidung genauso – wenn nicht mehr – zu schätzen wie ihre Nützlichkeit. Es gibt viele tropische Gebiete, wo keinerlei Kleidung – was sie auch sein mag – gebraucht oder getragen wurde, dagegen werden jedoch Schmuck, Halsbänder, Ringe, Haarornamente, Hüftgürtel und eine ganze Menge anderer rein dekorativer Elemente sehr geschätzt. Niemand weiß, wann diese ganz entschieden menschliche Sorge für die ästhetische Bereicherung des eigenen Körpers zum erstenmal in Erscheinung trat. Ob die Peking-Männer und -Frauen die Kleidung lediglich zum Schutz des Körpers gegen die Kälte trugen oder auch als Zierde, können wir aus keinen greifbaren Beweisen ableiten. Persönlich hege ich die Vermutung, daß sie auf der Bahn der menschlichen Evolution bereits so weit fortgeschritten waren, daß eine so grundsätzliche und weit verbreitete Übung wie die dekorative Verschönerung bei ihnen bereits vorhanden war – wenn vielleicht auch erst in primitiver Form.

Um wieder auf den Vorgang des Nahrungssammelns zurückzukommen: die einzige andere, im Überfluß vorhandene Nahrungsquelle war das Fleisch von Tieren, Vögeln, Fischen und anderen Geschöpfen. Bei einer Population, die so weit im Landesinnern lebte wie die Pekingmenschen, konnte der Lebensmittelreichtum am Meeresufer keine bedeutende Rolle gespielt haben, obwohl sicher Fische in nahen Wasserläufen zur Verfügung standen.

Wenn wir die fossilen Knochen im Abfall der Höhlen von Chou Kou Tien untersuchen, um festzustellen, welche Tiere der Pekingmensch tatsächlich gejagt und verzehrt hat, finden wir ein recht erstaunliches Sortiment von Säugetieren, Vögeln, Kröten, Fröschen und Schildkröten. Nicht alle diese Tiere werden von den *Sinanthropinen* gegessen worden sein. Einige, wie etwa die Hyänen und Bären, können dort auch eines natürlichen Todes gestorben sein, da sie ebenfalls Bewohner dieser Höhlen waren. Der Pekingmensch blieb nämlich in den Hunderten und Tausenden von Jahren, in denen er diese Höhlen als Wohnungen benutzte, keineswegs ununterbrochen dort. Von Zeit zu Zeit wird er sie verlassen haben, um nomadische Beutezüge zu unternehmen. Für beträchtliche Zeiten, waren die Höhlen augenscheinlich sogar ganz verlassen.

Abgesehen von den versteinerten Überresten von nichtmenschlichen Höhlenbewohnern könnte ein Teil der Relikte auch von Tieren hereingeschleppt worden sein, die die Höhlen bewohnten. Die Hyänen beispielsweise sind berüchtigte Aasfresser; es ist durchaus möglich, daß sie ihre Beute in die Höhlen zerrten, um ihr Festmahl in aller Ruhe abzuhalten. Andere Tiere könnten aus diesem oder jenem Grund in die Höhlen gewandert und dort verendet sein. Die zahlreichen Vogelknochen, die man fand, sind viel wahrscheinlicher Überreste menschlicher Jagdbeute, da im großen und ganzen gesehen Vögel von Tieren nicht so leicht zu fangen sind.

Einen sehr wichtigen Hinweis bei dem Versuch, die Nahrung der *Sinanthropinen* zu rekonstruieren, bietet der Nachweis, ob die Relikte eßbarer Tiere Spuren davon aufweisen, daß sie gebraten wurden. Die Knochen dieser Fleischstücke, müssen durch Menschen in die Höhlen hineingetragen worden sein, denn ein Feuer hätte Hyänen und Höhlenbären vertrieben und nicht angelockt.

So kann ohne große Zweifel geschlossen werden, daß die meisten, wenn nicht alle angesengten Knochen vom Pekingmenschen gebraten worden sind. Abbé Breuil, der diese Knochen äußerst sorgfältig untersuchte, hat auf Grund seines sehr umfassenden Wissens von derartigen archäologischen Beweisen gefunden, daß viele von ihnen gebraten wurden, als sie noch frisch waren. Das Geweih und die Hörner von Jagdtieren zeigten ebenfalls Spuren, daß die Beute unmittelbar nach der Tötung gebraten wurde. Ein Teil dieses Knochenröstens gehörte offensichtlich zu der Technik, die diese Menschen der Frühzeit anwandten, um ihre Werkzeuge herzustellen.

Meiner Ansicht nach ist es jedoch ein durchaus vernünftiger Einwand, daß ein Teil der angesengten Knochen, die nicht als Werkzeuge verwendet wurden, ganz einfach die Überreste von Tieren war, die die Pekingmenschen als Nahrung brieten. Schon lange Zeit, ehe die *Sinanthropinen* auftauchten, war der Mensch zum Fleischfresser geworden. In der frühen Zeit der hominiden Evolution verzehrte er seine Beutetiere zweifellos roh. Aber das Feuer, das dem Pekingmenschen zur Verfügung stand, hatte seiner Küche eine neue Dimension eröffnet, die er schwerlich ungenützt gelassen haben wird. Es ist auch einfach nicht faßbar, daß er diese Methode der Zubereitung wieder aufgegeben hätte, nachdem er einmal erkannt hatte, wie sehr sie seine Kost verbesserte.

Die Anwesenheit von Fischen, Fröschen und Schildkröten ist durch M. N. Bien vom Zänozoischen Forschungslaboratorium bestätigt worden, der die Relikte untersuchte. Er erklärte sie damit, daß ein naher Fluß die Höhlen überflutet und sie dort zurückgelassen habe. Er gesteht sogar die von Teilhard de Chardin und C. C. Young angedeutete Möglichkeit zu, daß sie durch Tiere in die Höhlen geschleppt worden sein können. Nichts wird aber darüber gesagt, daß auch der Pekingmensch sie als Teil seiner Beute in die Höhlen geschafft haben könnte. Meiner Meinung nach ist es nicht sehr vernünftig anzunehmen, daß ein Hominide mit einem so wohlentwickelten Gehirn wie der Pekingmensch und mit einer so deutlich dokumentierten Fähigkeit, das Feuer zu verwenden und zu beherrschen, daß ein Mensch, der Steine und Knochen für seine Technologie verwendete, nicht in der Lage gewesen sein sollte, diese Tiere zu fangen und zu verzehren.

Während das Sammeln von Samen und Früchten eine für jeden Primaten zugängliche Methode ist, dessen Greifhand mit dem gegenüberstehenden Daumen das Pflücken solcher Nahrung leicht macht, ist die Jagd und das Fangen von Wild eine ganz andere Sache.

Die frühen Hominiden hatten sich nicht etwa aus einem Stammbaum von Fleischfressern entwickelt. Sie waren nicht mit Krallen und Zähnen ausgerüstet, um ihre Beute festzuhalten und zu töten, wenn sie sie beschlichen und dann in einem wilden Anrennen oder einem Sprung gepackt hatten. Als aufrechte zweibeinige Geschöpfe konnten sie auch nicht hoffen, eines der schnell laufenden Wildtiere, wie Rehe oder Ziegen, einzuholen. Selbst so kleine Beutetiere wie Kaninchen oder

Mäuse sind nicht so leicht mit bloßer Hand zu fangen. Auch das Erbeuten von Fischen stellte Probleme. Nur Frösche oder Insekten, die die Kinder auch heute noch ohne Mühe fangen, hätten keine Schwierigkeiten bereitet.

Sehr schwer läßt sich aus den archäologischen Beweisen beantworten, wie der Pekingmensch jagte. Bogen und Pfeile besaß er nicht. Hier sind wir auf reine Vermutungen angewiesen. Vielleicht benützte er Steine, um Tiere zu treffen und zu verstümmeln, denen er sich verstohlen genähert hatte. Er hätte auch die scharfen Spitzen von Geweihen und Hörnern verwendet haben können, die, wie Abbé Breuil geschildert hat, sorgfältig so bearbeitet wurden, daß sie bequem zu handhaben waren. Das würde einige Geschicklichkeit erfordert haben, die also der prähistorischen chinesischen Bevölkerung nicht bestritten werden kann.

Daß die Pekingmenschen eine bemerkenswerte manuelle Geschicklichkeit besaßen, ergibt sich aus den Stein- und Knochenwerkzeugen, die sie überlebt haben. Hölzerne Geräte, die sie höchstwahrscheinlich auch verwendet haben, hätten sich natürlich längst zersetzt, ehe noch die Relikte ihrer Hersteller entdeckt wurden. Am häufigsten sind die Steinwerkzeuge, die in den Sediment- und Abfallschichten zu finden sind, die die Höhlen füllen und auch die Relikte der *Sinanthropinen* selbst enthalten. Diese enge Verbindung kann nur die Schlußfolgerung zulassen, daß sie von dem Pekingmenschen angefertigt wurden.

Obwohl diese Schlußfolgerungen heute allgemein akzeptiert werden, gab es früher doch einige kontroverse Ansichten. Als die Fundstücke in den dreißiger Jahren ans Tageslicht gefördert wurden, war nach Ansicht von M. Boule und anderen der *Sinanthropus* ein zu primitiver Hominide, als daß er einer Steintechnologie von solcher Verfeinerung fähig gewesen wäre, wie diese Werkzeuge sie erfordert hätten. Stattdessen vertraten sie die Theorie, eine andere zeitgenössische, höher entwikkelte Menschenform habe die Steinwerkzeuge angefertigt und sie zum Teil gegen ihre unterlegenen Nachbarn – nämlich die *Sinanthropinen* – verwendet. Nicht nur, daß keinerlei Beweise für eine derart überlegene Population zur gleichen Zeit wie der Pekingmensch vorliegen, nein, wenn es eine solche gegeben hätte, würde der Pekingmensch sich diese Technik zweifellos ausgeborgt und sie für seine eigenen Zwecke benützt haben.

In der Kulturgeschichte der Menschheit hat der Kontakt zwischen verschiedenen Völkern mit verschiedenen Kulturen gewöhnlich – und vor allem dann, wenn die Unterschiede nicht allzu groß waren – dazu geführt, daß Ideen und Techniken ausgetauscht und vermischt wurden.

Das Material, das der Pekingmensch für seine Werkzeuge verwendete, war in der Hauptsache grüner Sandstein und Quarz von zwei Arten (Adernquarz und Quarzit) sowie etwas Hornstein (Kieselschiefer) und Kalkstein. Quarzite hätten jedoch Besuche in den Granitmassiven einige Kilometer südlich und nördlich der Höhlen nötig gemacht. Für ein Jäger-Sammlervolk wäre auch die Strecke bestimmt nicht zu groß gewesen, wenn es galt, sich wichtige Vorräte zu beschaffen.

Die Steinwerkzeuge selbst können unschwer in eine Anzahl größerer Kategorien eingeordnet werden. Erstens sind da einmal viele ziemlich derbe und große rauh abgespaltene Steine oder Hacker. Einige davon weisen eine Bearbeitung eines Endes zu einem Handgriff auf. Der gewöhnlichste Werkzeugtyp, der in der Schicht von oben bis unten gefunden wurde, war der Quarzkeil, der auf beiden Seiten behauen war, so daß er eine Schneide erhielt. Fast genau so zahlreich war ein Werkzeug, das vermutlich in den späteren Besetzungsperioden der Höhlen hergestellt und verwendet worden ist. Dieser Typ wurde hauptsächlich aus Quarz- und Quarzit-Kernen herausgehauen und trat in verschiedenen Formen auf; einige davon waren länglich geformt.

Père Teilhard de Chardin, der diese Steinwerkzeuge untersuchte und über sie berichtete, bemerkte auch einige geschnäbelte und gekielte Formen, die wahrscheinlich als Stichel oder Meißel Verwendung fanden. Er beobachtete auch, daß einige zugehauen und so geformt worden waren, daß sie eine deutliche Spitze bildeten, die als Bohrer gut verwendbar gewesen sein mußten. Schließlich teilte er in seiner Klassifizierung als eigenen Typ eine Anzahl von Kalksteinstücken ein, von denen einige umgestaltet worden waren, offensichtlich Hammersteine.

In seiner Veröffentlichung über die Werkzeuge erwähnt Abbé Breuil noch einige weitere Formen. Im großen und ganzen bemerkte er eine generelle Ähnlichkeit mit den Steinwerkzeugen, die aus dem frühen Paläolithikum (Altsteinzeit) Europas bekannt waren. Er betonte jedoch die Tatsache, daß die Sammlung von Chou Kou Tien einen ganz unterschiedlichen, eigenen Charakter besaß, der auf eine eigene unabhängige Tradition hinweist.

Heute ordnen die Archäologen sie in die Hacker-Tradition ein, die sich in Südostasien einschließlich Chinas entwickelte und sich daher von dem aufkommenden Stil der Steintechnik differenzierte, der in Europa und Afrika festgestellt wurde. Das würde natürlich bedeuten, daß die *Sinanthropinen*-Population von europäischem oder afrikanischem Einfluß ziemlich isoliert war.

Zusammen mit den Steinwerkzeugen hat auch eine ansehnliche Anzahl von Knocheninstrumenten überlebt, darunter Geweihe und Hörner, die als Bohrinstrumente verwendet worden sein müssen. Zusätzlich dazu wurden einige große Knochen dem Feuer ausgesetzt, um sie in längliche Stücke zu spalten, die wiederum zu einer Vielzahl von Zwecken verwendet werden konnten.

Wenn jemand ohne Spezialwissen über die Geschicklichkeit, die nötig ist, um Steinwerke zu behauen und abzusplittern, sich eine Sammlung der Geräte ansieht, wie sie in Chou Kou tien gefunden wurden, könnte er sie für außerordentlich roh halten, mit einer Technik, die weder von einem hohen Grad von Intelligenz spricht noch einen hohen Grad von manuellen Fähigkeiten andeutet. Wenn dieser Beobachter jedoch versuchen würde, die Werkzeuge nachzumachen, ist es höchst unwahrscheinlich, daß es ihm gelingen würde, auch nur annähernd etwas Vergleichbares zuwege zu bringen oder schon gar nicht, sie nachzuformen. Eine Steinarbeit dieser Art erfordert Kenntnisse davon, wie natürliche rauhe Steinexemplare zerbrochen und geformt werden können, wie und wo man den Druck ansetzen muß, damit Stückchen um Stückchen von dem Stein entfernt wird, bis das Modell die Form annimmt, die man sich vorgestellt hat.

Ich erinnere mich noch sehr genau daran, wie vor einigen Jahren Donald Crabtree, ein erfahrener Steinschläger, einer Gruppe von Archäologen die Hack- und Zubehau-Technik vorführte, die er sich angeeignet hatte. Nachdem die Gilde der Steinschläger in England praktisch ausgestorben ist, ist er einer der wenigen Lebenden, die noch über solche Kenntnisse verfügen. Es war wirklich erstaunlich, wenn man sah, mit welch augenscheinlicher Leichtigkeit und offensichtlichem Geschick er aus einem rohen Stein ein schön geformtes und brauchbares Werkzeug herausholen konnte. Wir anderen hätten das bestimmt nicht nachmachen können, obwohl einige von uns von ihrem Beruf her mit der Therorie des Behauens von Stein vertraut waren. Die Art von Handarbeit, wie sie von den *Sinanthropinen* angewendet wurde, repräsentiert eine alte Tradition und ein hohes Niveau von Intelligenz. Man kann die im Vergleich zur modernen Maschinenfertigung grobe Arbeitsweise nicht als Ausgangspunkt nehmen, um die relativen Fähigkeiten dieser prähistorischen Menschen zu bewerten.

Eine weitere Nahrungsquelle, die den Pekingmenschen zur Verfügung stand – und bei der einige von ihnen eher die Verlierer als die Gewinner sein mochten – macht eine Erklärung nötig. Kurze Zeit nach der ersten Entdeckung der Fossilien haben einige Gelehrte darauf hingewiesen, daß diese Knochen die Überreste kannibalischer Gelage darstellten. Die Tatsache, daß keiner der Schädel intakt, sondern daß im Gegenteil alle schwer zerschlagen und zerbrochen waren, könnte auf den ersten Blick diese Vorstellung unterstützen. Dazu kommt, daß der Kannibalismus unter lebenden oder vor kurzem noch lebenden Völkerschaften nicht unbekannt ist. So weiß man beispielsweise, daß die Bewohner der Marquesas-Inseln ihre im Kampf erschlagenen Feinde verspeisten. Melville beschrieb in „Taipi" ziemlich ausführlich die Zeremonien, die mit diesem Ritual in Verbindung standen. Er konnte es selbst beobachten, als er bei den Einwohnern auf Taipivai lebte. Diese Tradition war noch 1929 lebendig, als ich bei meinem ersten Besuch auf den Marquesas mit einem alten Mann, dem Sohn eines Häuptlings in Taiohae, einem Tal in der Nähe von Melvilles „Taipi", sprach. Er erzählte mir, daß er in seiner Kindheit Menschenfleisch gegessen und daß man ihm als Sohn des Häuptlings ein besonders köstliches Gelenkstück gegeben habe. Der Kannibalismus wurde auch auf Neuseeland, auf Borneo und in verschiedenen Teilen Afrikas geübt und schon Herodot berichtet von „Anthropophagi" oder Menschenfressern, die dieser Sitte in Regionen am Rande der hellenischen Welt gehuldigt haben sollen.

Vielleicht herrschte diese Sitte nirgends und nie in derartigem Ausmaß wie bei den Azteken. Bei gewissen Gelegenheiten erschlugen sie Tausende von Opfern, die den Göttern auf ihren Tempelpyramiden geopfert wurden. Das Fleisch und verschiedene Organe wurden dann auf rituelle Art verspeist, um die Kraft der Schlächter zu erhöhen.

Daraus könnte man den Schluß ziehen, daß in den Gebieten, wo der Kannibalismus regelmäßig geübt wurde, Menschenfleisch zur üblichen Ernährung gehörte. Tatsächlich aber war – wenn man es genau betrachtet – der Kannibalismus nie generell, man sah in ihm keine normale Nahrungsquelle. Der Kannibalismus war gewöhnlich mit ganz bestimmten Ritualen verknüpft, die mythische Bezüge hatten; er war keine Ausrede für ein Mahl von Feinschmeckern! Wenn wir die Primatenverwandten des Menschen oder auch andere Ordnungen von Säugetieren untersuchen, stellen wir fest, daß der Kannibalismus oder das Verzehren von Angehörigen der eigenen Gattung nie allgemein üblich war. Unter harten Bedingungen kann eine derartige Verhaltensweise, wie bekannt, bei Menschen auftreten. Abgesehen von ritualen Gründen hat der Kannibalismus aber keine Tradition als Nahrungsquelle erlangt.

All das spricht dagegen, daß der Kannibalismus eine normale Nahrungsquelle für die Peking-Population gewesen ist. Man kann auch keine substantiellen Beweise für die Möglichkeit vorbringen, daß vor 500 000 Jahren in Chou Kou Tien ein ritueller Kannibalismus bestanden habe. Der Umstand, daß die Schädel und die Skelette zerbrochen und zertrümmert waren, läßt sich viel realistischer dadurch erklären, daß sie durch die Wucht der Steine und die Schichten von Abfall zerschlagen wurden, die von den Decken der Höhlen gefallen sind. Tatsächlich kommt es nur sehr selten vor, daß man so alte Fossilien findet, die vollständig und in gutem Zustand sind.

Eine der menschlichsten aller menschlichen Fähigkeiten ist der Gebrauch der Sprache. Das soll keineswegs heißen, daß andere Tiere sich nicht miteinander – ja sogar mit anderen Gattungen – verständigen können. Die Laute, die Delphine ausstoßen, der Gesang der Vögel, das Stöhnen, Grunzen, Pfeifen, Bellen, Knurren der Tiere, ja sogar die Gesten, die viele Vögel, Säugetiere, Reptilien, Amphibien, Fische und Insekten machen, haben alle ihre Bedeutung und übermitteln Botschaften. Aber die Sprache mit ihrer fast unendlichen Vielzahl von Worten, die eine direkte, aber auch abstrakte Bedeutung haben, blieb allein den Menschen vorbehalten. Die Welt, in der wir leben, wäre ohne die menschliche Sprache nicht zu fassen.

Es ist daher ganz natürlich, wenn wir uns fragen und überlegen, welche Sprache der Pekingmensch benützt haben mag. Oder, um es anders auszudrücken, benützte er die Sprache so, wie wir es kennen? Das wirft natürlich die Frage auf, warum und wann der Mensch im Verlauf seiner Evolution diese bemerkenswerte Fähigkeit erworben hat. Wenn wir in der fossilen Hinterlassenschaft nach Antworten auf diese Frage suchen, werden wir aus dem offensichtlichen Grund enttäuscht werden, daß ein so nicht-materielles Phänomen wie die Sprache keine physischen Spuren seiner Existenz zurücklassen kann. Erst als sich die Sprache in der Schrift verkörperte, konnte sie aufgezeichnet und so erhalten werden. Das geschah aber erst vor etwa 5500 bis 6000 Jahren, als eine formalisierte und systematische Schrift für die aufsteigenden und immer komplizierter werdenden Zivilisationen, die sich zuerst im Nahen Osten und in Ägypten entwickelten, zur Notwendigkeit wurden. Es ist jedoch sicher, daß für einen uns unbekannten Zeitraum vor dieser Zeit eine gewisse Form von Sprache existiert haben muß. Man kann natürlich in einigen der neolithischen Höhlen- und Felsmalereien sowie in Einritzungen in Knochen Testversuche in der Richtung einer graphischen Niederlegung einer gesprochenen Sprache sehen. Die Datierung dieser Sgrafitti mag der Geschichte der Schrift noch einmal vier- oder fünftausend Jahre hinzufügen. Man kann diese anfänglichen Bemühungen allerdings auch weiter zurück in den letzten Teil des Paläolithikums und seinen Übergang in das Mesolithikum verlegen, wo Knochen- und Elfenbeinrelikte mit Zeichen geritzt wurden, in denen Alexander Marshack numerische Aufzeichnungen gesehen hat. Die berühmten Höhlenmalereien des Oberen Paläolithikums in Frankreich und Spanien weisen zwar einen außerordentlichen Sinn für Ästhetik auf, sie enthüllen aber keinerlei Versuch zu einer symbolischen Schrift oder Aufzeichnung.

Wenn wir anderswo nach Hinweisen suchen, haben wir wenig Anhaltspunkte, mit Ausnahme einiger negativer Unterstellungen. Eine davon, die auf neurologischen, anatomischen und stammesgeschichtlichen Vergleichen beruht, ergibt, daß die frühesten Hominiden noch nicht mit einer linguistischen Fähigkeit ausgestattet waren, die wir ohne alle Bedenken als „Sprache" charakterisieren könnten. Man hält die Fähigkeit zu sprechen mindestens zum Teil für die Auswirkung der steigenden Komplexität des Gehirns und der Wechselbeziehungen seiner verschiedenen Zentren.

Ebenfalls ist die artikulierte Sprache mit ihren höchst komplizierten Lautschemata nur durch anatomische Veränderungen im Kehlkopf und in den Stimmkammern des Mundes und der Nase, die darüber liegen, möglich geworden. Diese wurden zum Teil durch das Zurücktreten des Gesichts und der Kiefer im Verlauf der menschlichen Entwicklung geschaffen.

Wenn wir die Beweise untersuchen, die unsere engsten lebenden Verwandten unter den Primaten liefern, stellt sich heraus, daß keiner von ihnen eine Sprache, so wie wir sie kennen, verwendet. Laute, Gesten und Ausdrucksformen des Gesichts übermitteln Botschaften. Worte werden jedoch nicht verwendet. Daß sie einiger der elementarsten Sprachformen fähig sind, kann nicht bezweifelt werden, da in Experimenten nachgewiesen wurde, daß ein Schimpanse oder ein Orang Utan dazu gebracht werden können, einige wenige einfache Worte zu verstehen. Bekannt ist die Schimpansin Viki, der von ihren Mentoren, den Psychologen K. J. und C. Hayes mit großer Mühe beigebracht wurde, „Mama", Papa und „cup" (Tasse, Becher) auszusprechen. In der echten Sprache ist das die absolute Höchstleistung, die ein Affe je erreicht hat. In noch jüngerer Zeit haben R. A. und B. T. Gardner, ein weiteres Psychologenteam, das Potential der Kommunikationsschemata unter Schimpansen erforscht. Beim Training ihres Schimpansen Washoe haben sie bemerkenswerten Erfolg gehabt, nicht-vokale Symbole und Zeichen von einer überraschenden Vielheit zu erkennen. Die letzte Zahl von Zeichen, die ich miterlebte, betrug über hundert; da Washoe offensichtlich bei der Art von Kommunikation sehr geschickt ist, könnte sich diese Zahl in der Zwischenzeit merklich erhöht haben.

Die frühesten Hominiden, deren Gehirngröße geschätzt werden kann, waren die *Australopithecinen* und der *Homo habilis* in Afrika. Die ersteren hatten eine Gehirngröße, die ungefähr der der Gorillas entspricht und etwa um 100 bis 150 Kubikzentimeter größer ist als die des Schimpansen. Der *Homo habilis* übertraf jedoch die *Australopithecinen* und erreichte eine Gehirnkapazität von etwas über 600 Kubikzentimeter. Dieser grobe Vergleich deutet darauf, daß die Größe allein ein Maßstab für die intellektuelle Kapazität des Gehirns ist. Das ist außerordentlich wichtig, wenn wir auch wissen, daß es nicht der einzige Faktor ist. Stellt man jedoch in Rechnung, daß die Brutto-Gehirngröße in gewisser Weise in einer Beziehung zur Körpergröße steht, dann müßten diese Hominiden weit über dem Gorilla eingestuft werden, dessen Körpermaße sicherlich beträchtlich größer waren als die der *Australopithecinen*.

Phillip V. Tobias ist zu einem viel genaueren Vergleich gelangt; er gründete seine Schätzungen auf die Jerison-Gleichung, die versucht, die Extra-Neuronen zu messen, diejenigen, die über den Grundbedarf für die adaptiven Mechanismen hinaus zur Verfügung stehen – und damit der Intelligenz. Nach diesen Messungen besitzt der Schimpanse 3,4 Milliarden Extraneuronen, der Gorilla 3,5 Milliarden und der *Australopithecus* zwischen 3,9 und 4,5 Milliarden. Obwohl aus diesen Zahlen hervorgeht, daß die *Australopithecinen* gegenüber der Ebene der Affen gewisse Fortschritte gemacht haben, sind sie doch noch sehr weit von der Stufe des *Homo sapiens* entfernt, bei dem Tobias eine Zahl von 8,4 bis 8,9 Milliarden Extraneuronen schätzt.

Wenn die Primaten in ihrem natürlichen Zustand die Sprache nicht gebrauchten und wenn die Sprache in einem wichtigen

Grad von der neurologischen Entwicklung abhängt, ist es ziemlich unwahrscheinlich, daß unsere frühen hominiden Vorläufer, die *Australopithecinen*, sie hätten verwenden können. Außerdem: wenn die anatomischen Voraussetzungen für das Sprachvermögen wirklich Gültigkeit besitzen, wären diese frühen menschenähnlichen Geschöpfe nicht richtig und angemessen ausgerüstet gewesen, um die Geräusche zu produzieren, die ein notwendiger und integraler Teil der Sprache sind.

Die meisten Erforscher der menschlichen Evolution nehmen diese Schlußfolgerungen als gegeben hin, und so kam es, daß die *Australopithecinen*, eine der frühesten bekannten Hominidenarten, als Pioniere in dieser so entschieden menschlichen Aktivität ausgeschlossen wurden. Die Antwort auf die Frage, wann der Mensch diese Fähigkeit erlangte, kann im Augenblick nur lauten: Wir wissen es nicht. Wenn ich mich weiteren Spekulationen hingeben würde, könnte ich nach Einblicken in die Rekapitulationstheorie suchen, die erklärt, daß der Mensch, genau so wie andere Tiere, im allgemeinen dazu tendiert, sich in Phasen zu entwickeln, die sich wiederholen oder auf frühere Stadien seiner Entwicklung hindeuten. Obwohl es hinreichend betont wurde, daß man diese Theorie nicht allzu buchstabengetreu nehmen darf, bleibt doch eine Reihe von daraus folgenden Überlegungen, die man nicht so leichter Hand abtun kann. Ich möchte daher vorschlagen, daß wir uns an einem Kind orientieren, das sich entwickelt. Im Alter von ein bis zwei Jahren, wenn seine Gehirnmasse etwa 900 Kubikzentimeter beträgt, beginnt es versuchsweise zu sprechen. Auch wenn man die vielen individuellen Variationen berücksichtigt, könnte das trotzdem darauf hindeuten, daß das Kind erst, wenn es dieses Entwicklungsstadium seines Gehirns erreicht hat, auf verbale Anregungen reagieren – und sie bewußt reproduzieren kann.

Wenn wir die Rekapitulationstheorie benützen, könnten wir daraus ableiten, daß der *Pithecanthropus* oder Javamensch mit einer Gehirngröße von 800 bis 900 Kubikzentimetern bereits in der Lage war, sich der Sprache zu bedienen und vielleicht drauf und dran war, es zu tun. Das würde bedeuten, daß der Pekingmensch im Vergleich zum Javamenschen ein größeres Gehirn besaß und damit eine relativ große geistige Beweglichkeit erworben hatte. Tatsächlich hatte der Pekingmensch, wie ich bereits angedeutet habe, eine Gehirnkapazität, die gerade unterhalb der niedrigsten Gruppe von heute lag, um etwa 100 bis 300 Kubikzentimeter unter der Modellziffer für die heute lebenden Populationen. Das allein würde es schon sehr wahrscheinlich machen, daß er über die Sprache verfügte und sich mit Worten verständigte. Welche Beziehung diese alte Sprache zu einer der modernen Sprachfamilien gehabt haben könnte, läßt sich natürlich nicht sagen. Wenn die Glottochronologie, das Studium der Rate der linguistischen Veränderungen, in jenen Tagen bereits Gültigkeit besessen hatte, sollten wir ganz sicherlich erwarten, daß jetzt nach 500 000 Jahren die davon abstammenden Sprachen völlig anders wären.

Unglücklicherweise scheint diese hypothetische Rekonstruktion des Zeitablaufs der Sprachenentwicklung – obwohl sie vielleicht noch einen gewissen Wert erweisen mag – nicht recht zu den neueren Studien von Lieberman, Crelin und Klatt über die Fähigkeit zu passen, die Laute zu produzieren, die ihrer Überzeugung nach für die Entwicklung der Sprache wesentlich sind.

Ausgehend von der weitverbreiteten Annahme, daß fast alle Laute in Sprache umgewandelt werden können, erklären sie, daß die Fähigkeit, die drei wesentlichen Vokale „a“, „i“ und „u“ sowie eine Anzahl von Konsonanten deutlich auszusprechen, grundlegend für die komplexe Entwicklung der modernen Sprache ist. Um diese Laute hervorzubringen, müssen der Kehlkopf und die benachbarten Stimmkammern grundsätzliche Veränderungen durchgemacht haben. Die Kontrolle über diesen Mechanismus ermöglicht – wie die Kontrolle über die Pfeifen einer Orgel – dem Menschen, eine große Vielzahl von Lau-

ten zu produzieren, die wiederum zu Silben und Wörtern zusammengesetzt werden können.
Als diese Forscher, die bei ihren Experimenten mit Computertechnik und Modellen der Stimmkammern arbeiteten, einen erwachsenen modernen Menschen, ein neugeborenes *Homo sapiens*-Kind, einen Schimpansen und die fossilen Relikte eines Neandertalers aus La Chapelle-aux-Saints untersuchten, kamen sie zu einigen interessanten Ergebnissen. Die Anatomie des neugeborenen Kindes und des Schimpansen waren ganz offensichtlich für die Produzierung der für die Sprache so wesentlichen Laute, namentlich der drei Grundvokale nicht ausgerüstet. Bei dem Neandertaler stellte man an Hand des Rekonstruktionsmodells fest, daß er auf Grund seiner Kehlkopfausstattung nur einen primitiven Typ von Sprache hätte hervorbringen können. Wenn man die Tatsache in Betracht zieht, daß der Neandertaler eine Gehirnkapazität besaß, die mit unserer eigenen zu vergleichen ist, sowie die andere, daß er erst vor 40000 bis 50000 Jahren lebte – also in einer Zeit, in der der Pekingmensch längst ausgestorben war –, würde man wohl die Wahrscheinlichkeit ausschließen müssen, daß der Pekingmensch bereits die Kapazität wie die Fähigkeit erworben hatte, die Sprache zu gebrauchen.
Andererseits jedoch ist die Forschung, auf der diese Schlußfolgerung beruht – so interessant und möglicherweise definitiv sie auch sein mag – noch nicht einer vollständigen kritischen Bewertung unterzogen worden. Außerdem wissen wir aus den archäologischen Funden, daß der Neandertaler ein sehr respektables Niveau der technischen Entwicklung erreicht und daß er Beweise einer ziemlich hohen kulturellen Ebene hinterlassen hat. Das wiederum erscheint völlig unvereinbar mit dem niedrigen Stand der linguistischen Fähigkeiten, die ihm Lieberman, Crelin und Klatt zugeschrieben haben.
Falls der Neandertaler auch nur eine primitive Sprache hätte gebrauchen können, wäre das auf jeden Fall ein Hinweis dar-

auf gewesen, daß auch der Pekingmensch eines gewissen Grads an linguistischem Ausdruck fähig gewesen ist, da seine anatomische Ausstattung zur Produktion von Lauten keinesfalls weniger entwickelt war als die des Neandertalers.

Bei dem Versuch, die Art von Leben zu rekonstruieren, wie es die *Sinanthropinen* führten, wäre die Größe und die Konzentration der Gemeinschaft, die sie bildeten, sicherlich ein sehr wichtiger Aspekt. Das ist für die Welt von heute mit ihrer wachsenden Sensibilität für die Auswirkung der Bevölkerungsdichte auf die Lebensqualität von ganz besonderem Interesse. Die tatsächliche Zahl der Individuen, die durch die fossilen Überreste repräsentiert werden, wurde von Weidenreich auf vierzig geschätzt. Diese Zahl stellt allerdings nur einen Annäherungswert dar, der von der Beurteilung abhängt, welche Fragmente zu einem Individuum zusammengesetzt werden können. Soweit hier Teile des Schädels und des Gesichts betroffen sind, ist die Sache im allgemeinen nicht allzu schwierig. Sie wird aber in steigendem Maße problematisch, wenn man die Verbindung von Skelettknochen mit Schädeln oder die Vereinigung einzelner Zähne zu einer Bezahnung einschließt. Hier helfen jedoch die Schätzung von Alter oder Geschlecht und Robustheit; die Größe und der Grad der Abnützung kann bei der Zusammenstellung der Zähne sehr bedeutsam sein. Selbst wenn man einige Fehlbeurteilungen mit in Rechnung stellt, kann Weidenreichs Schätzung nicht allzu weit fehlgehen.

Unglücklicherweise können wir nicht den Schluß ziehen, daß die Gruppe ungefähr aus dieser Zahl von Individuen bestanden hat. Erstens einmal kann man nicht beweisen, daß diese fossile Population unbedingt aus der genau gleichen Zeit stammt. Schon aus den geologischen Hinweisen ist die Zeitspanne, die sie repräsentiert, sehr beträchtlich. Wenn man weiter vom paläontologischen Standpunkt ausgeht, so versteinern nicht alle Wesen, die sterben. Nur ein winziger Prozentsatz dieser Population bleibt in fossilem Zustand erhalten.

Die beste Rekonstruktionsmöglichkeit, die wir für eine prähistorische Population erzielen können, stammt daher aus Parallelen zu heutigen Bevölkerungsgruppen, die sich in einer ähnlichen Jäger-Sammler-Ökonomie erhalten. Drei miteinander in Wechselbeziehung stehende Faktoren fallen dabei sofort auf. Der eine ist die Fülle der natürlichen Hilfsmittel, die zur Verfügung stehen.

Der zweite ist die Größe des Gebiets, das man durchstreifen muß, um eine genügende Nahrungsmittelmenge für eine Person zu beschaffen. Die Menge von Samen und Früchten ist in gemäßigten Zonen besonders in Waldgebieten jahreszeitlich begrenzt. Das bedeutet natürlich auch, daß die Anzahl von Personen, die in einem beliebigen Gebiet erhalten werden kann, durch die Entfernung bestimmt wird, die der Jäger und Sammler zu Fuß bewältigen kann. Für Frauen wären Expeditionen, die eine lange Abwesenheit nötig machen, nicht durchführbar gewesen, da sie noch andere Verpflichtungen gegenüber den Kindern und der Familie hatten. Die Männer konnten natürlich auf der Verfolgung des Wildes weitere Ausflüge machen. Das Heimschaffen der Jagdbeute über große Entfernungen hätte aber ebenfalls von allzu großen Jagdausflügen abschrekken können.

Der dritte Faktor schließlich ist die Technologie, die für die Jagd von Tieren zur Verfügung stand. Bei dem Ertrag, den ein gegebenes Revier erbringt, kann sie einen sehr großen Unterschied bedeuten. So würde beispielsweise die arktische Küste von Alaska für ein Volk mit einer einfachen, wenig verfeinerten Jagdausrüstung eine nicht günstige, ja in starkem Maß abweisende Ökologie bieten, obwohl dort auch reichlich Fleischmengen vorhanden sind.

Die Eskimos verfügen in der Tat über eine hoch spezialisierte Technologie: mit Harpunen und Booten, mit deren Hilfe sie reichliche Fleischvorräte ganz nahe an der Küste sammeln können, wo ihre Dörfer passenderweise angelegt sind. Als ich 1941

Point Hope in Alaska besuchte, hatte die Siedlung eine Population von vier- bis fünfhundert Seelen. Obwohl die Eskimos dort bereits auf verschiedene Art durch die Einführung westlicher Ideen und westlicher Kultur beeinflußt waren, war ihre Lebensmittelversorgung zum größten Teil noch traditionell; die Nahrung wurde noch mit Methoden gesammelt, die seit Jahrhunderten praktisch unverändert geblieben waren. Diese Gemeinde, die man für ein durchschnittliches Jäger-Sammler-Gebiet als sehr groß einschätzen darf, war trotzdem reichlich ernährt. So erwartete man zum Beispiel, daß man im Jahresdurchschnitt vier bis acht Wale erlegte. Jeder Wal erbrachte aber Tonnen von Fleisch – viel zu viel, als daß man es hätte frisch verzehren können. Der Überschuß wurde daher in unterirdischen Löchern eingefroren. Als ich im Mai dort eintraf, inszenierten die Eingeborenen eine großartige Zeremonie, an der wir alle teilnahmen. Zuerst gab es Überreste vom vorjährigen Fang, die nicht mehr allzu gut rochen; beendet wurde das Mahl mit frischem Walspeck von dem neuen Fang. Neben dem Walfang wurden laufend Seelöwen und Fische gefangen; in einiger Entfernung von den Dörfern jagte man auch Landtiere. So reich und üppig diese jagdbaren Tiere auch vorhanden waren, hätte sich doch kein Volk ohne eine spezialisierte angemessene Ausrüstung dort halten können. Es ist ganz offenkundig, daß ein primitives Volk wie die *Sinanthropinen* mit seiner relativ begrenzten Technologie dort nicht hätte überleben können, selbst wenn ihre Population stark reduziert gewesen wäre.

Julian H. Steward hat vor einigen Jahren spezifische Daten über die Gruppengröße bei Jäger-Sammler-Kulturen in einem weiten Studienbereich gesammelt. Die Arbeit umfaßte Völker in verschiedenen Teilen der Welt, die unter ganz unterschiedlichen Bedingungen lebten.

Unter den dreiundzwanzig Gruppen, die er eingehend untersuchte, zählte die kleinste Horde 20 Individuen, die größte 700. Diese letztere Zahl war jedoch eine außergewöhnliche

Ausnahme. Etwa die Hälfte der Gruppen hatte eine Stärke, die zwischen 35 und 150 schwankte, der Rest war etwa gleich zwischen kleineren und größeren Gruppen verteilt.
Der Umfang des Gebiets, das nötig war, um ein Individuum zu ernähren, schwankte zwischen 2,59 km² und rund 220 km². Die letztere Zahl stammte von einer Gruppe in Kanada in einer subarktischen Zone, wo die Lebensbedingungen extrem schwer waren. Insgesamt gesehen betrug der Durchschnitt zwischen etwa 7,5 bis 13 Quadratkilometer je Mitglied.
Steward zufolge war ein Gebiet von 259 km² ein guter Mittelwert für das, was eine Gruppe bewältigen konnte. Eine Gruppe benötigte etwas mehr, aber rund 1300 Quadratkilometer schienen, abgesehen von einigen sehr wenigen Fällen großer ökologischer Armut, die obere Grenze darzustellen.
Da es sich bei allen untersuchten Gruppen um solche aus unserer Zeit handelte, die vermutlich über eine bessere Technologie verfügten als die Pekingmenschen, ist es höchst unwahrscheinlich, daß die Horde in Chou Kou Tien je die größeren Zahlen erreichte, die man bei den modernen Jäger-Sammler-Gemeinden angetroffen hat. Da sie aber die körperliche Ausdauer besaßen, um ihre primitive Ausrüstung durch die Bejagung eines größeren Gebiets auszugleichen, halte ich den Schluß für durchaus gerechtfertigt, daß sie vielleicht eine mäßigere Konzentration erreicht haben könnten als die heute lebenden Horden. Deshalb erscheint mir eine Zahl von fünfzig oder sechzig für die Population von Chou Kou Tien als eine plausible Schätzung, obwohl diese Zahl unter sich verändernden Umständen natürlich geschwankt haben könnte.
Aus der Analyse der Studie an modernen Gruppen kann man auch den Schluß ableiten, daß die Peking-Population eine Anzahl von Familien umfaßte. Das scheint ein generelles Charakteristikum solcher Horden zu sein. Mehrere Familien, die zusammenlebten, können nämlich die wechselseitige Zusammenarbeit schaffen, die die Grundlage für eine sichere Existenz

bildet. So konnten sich die Männer nicht nur bei der Jagd und beim Zurückschaffen einer schweren Beute in die heimatliche Höhle helfen, sondern auch bei einem Kampf mit einer benachbarten Gruppe. Auch bei der Verteidigung des eigenen Lebensraumes konnte eine angemessene Zahl tauglicher Männer das Überleben bedeuten.

Natürlich könnte der Umstand, daß eine Anzahl von Familien zusammenlebte, Probleme der Vorherrschaften und der Autorität aufgeworfen haben. Bei vielen Primatengruppen wird die Frage durch einen linearen Aufbau gelöst, wobei ein Männchen die Kontrolle über die anderen auf den folgenden Sprossen der sozialen Leiter ausübt. Häufiger noch ist es in den modernen Jäger-Sammler-Gruppen der beste Jäger oder der stärkste Krieger, der in spezifischen Situationen die Führung übernimmt. Ich vermute, daß es in Chou Kou Tien ebenso gewesen sein dürfte.

Die Verteilung der Nahrung und der Jagdbeute kann ebenfalls einen kritischen Faktor dargestellt haben. Eine ernste, invalidisierende Verletzung eines männlichen Oberhaupts einer isoliert lebenden Familie konnte die Vernichtung dieser Familie bedeuten. In einer Gemeinschaft konnte man jedoch eine derartige Katastrophe durch die gegenseitige Hilfe einer eng zusammengeschlossenen Gruppe von Familien vermeiden.

Nicht zu unterschätzen als Anziehung für das Leben in einer Gruppe von Familien ist ferner die soziale und persönliche Befriedigung, die man daraus gewinnt. Selbst heute sind bei der experimentierenden Jugend Kommunen und anderen Gruppenarrangements im allgemeinen multifamiliär und basieren nicht nur auf der Zusammenarbeit, sondern auch auf gesellschaftlichen Bedürfnissen.

Letztlich wäre es für die Peking-Population auch von entscheidender Bedeutung gewesen, daß sie mehr als eine Familie umfaßte, da das Gebiet, das eine relativ so kleine Gruppe hätte behaupten können, kaum über eine angemessene Nahrungsmittelmenge verfügt hätte. Das Wild wandert über beträchtliche Strecken, und oft sind Nahrungspflanzen, die in einem Gebiet knapp sind, in einem anderen im Überfluß vorhanden. Mit anderen Worten: eine Sammler-Jäger-Horde braucht ein angemessenes Gebiet, das nur eine Gemeinschaft von Familien behaupten und zum Zwecke der Ausbeutung schützen kann.

Es ist keineswegs ungewöhnlich, im Gegenteil die Regel, daß solche Jäger-Sammler-Gruppen ein etwas nomadenhaftes Dasein führen und von einem Ort zum anderen ziehen, wenn das Wild und die Pflanzennahrung erschöpft sind. Sie unternehmen häufig auch Expeditionen in Räume, die wegen ihrer besonderen jahreszeitlich bedingten Nahrungsmittel bekannt sind. Gewöhnlich bleiben diese Expeditionen von dem sogenannten „Heim" aus auf schon erkundete Gebiete beschränkt. Trotz ihrer Mobilität können diese Gruppen sich nicht über Grenzen ausdehnen, die ihnen von dem durch Fußmarsch und Nahrungsvorräte bestimmten Erkennungsradius auferlegt werden. Daher auch kann eine Jäger-Sammler-Gemeinschaft nie so groß und stabil werden, daß sie eine Art Stadt oder Dorf gründen könnte.

Obwohl uns keine zeitgenössischen und benachbarten Gruppen bekannt sind, ist es doch höchst unwahrscheinlich, daß die Chou Kou Tien-Population völlig isoliert gewesen ist. Es muß eine Population gegeben haben, von der sie abstammte und mit der sie eng verwandt war. Die normale Verteilung einer Spezies oder Rasse ist eher zusammenhängend, als daß sie aus einer Reihe nicht miteinander verbundener, weit verstreuter und isolierter Populationen besteht. Gewöhnlich gibt es auch eine deutliche Progression oder allmähliche Variation in einigen körperlichen Eigenarten, wenn man von einem Rand des Verteilungsgebiets zum anderen geht. Wenn wir also die *Sinanthropinen* besucht hätten, hätten wir erwarten dürfen, daß wir auf benachbarte Gruppen stoßen, die ihnen sehr ähnlich sahen, sich aber immer mehr von ihnen unterschieden, je weiter wir uns von ihnen entfernt hätten.

Daß sie Nachbarn hatten, hätte der Peking-Population Anlaß sowohl zum Kampf wie zur Freude geben können. Wir brauchen ja nur unser eigenes Verhalten oder das unserer Primatenverwandten beobachten, um diese Einflüsse zu erkennen. Unvermeidlicherweise mußte es zum Konflikt kommen, wenn eine benachbarte Gruppe in das Gebiet einfiel, das die Chou Kou Tien-Gruppe als ihr eigenes ansah. Es war auch durchaus möglich, daß die *Sinanthropinen* in Schwierigkeiten geraten sind, wenn sie einer Nachbarhorde das Gleiche antat.

Ein weiterer Grund für Konflikte hätte kultureller Natur sein können. Die menschliche Neigung, andere Völker nach ihrem Kulturniveau zu beurteilen, ist weit verbreitet. Die Griechen vor 2500 Jahren empfanden Verachtung für die „Barbaren", deren Sprache sie nicht verstanden. Die Römer waren in ihrer Beurteilung der Germanen oder der Briten nicht viel besser. Wenn wir die Geschichte Europas betrachten, ist es erstaunlich, wie hartnäckig die Tradition der kulturellen Differenzierung geblieben ist und wie tief die Feindschaft noch heute selbst zwischen alten Nachbarn fortbesteht, die sich in kulturellen Einzelheiten unterscheiden. Die Feindseligkeit zwischen Flamen und Wallonen durchsetzt viele Aspekte der nationalen Existenz Belgiens. Bei den Basken besteht eine alte Tradition der Feindschaft zu ihren spanischen Nachbarn. Und die Waliser, Schotten und Bretonen hegen – obwohl sie seit vielen Jahrhunderten in ihren jeweiligen Staaten integriert sind – immer noch starke Gefühle der kulturellen Identität und der Verstimmung gegen ihre britischen beziehungsweise französischen Mitbürger.

Das Gefühl der Identität mit der eigenen Gruppe und der Abneigung gegenüber anderen mit fremden Gewohnheiten und Leitbildern ist eine starke Kraft, die nicht immer ganz verstanden wird. Wie leicht und wie schnell schwärzen wir selbst heute noch ein Volk oder eine Nation an, weil ihr Verhalten, sich von unserem eigenen unterscheidet. Ich vermute daher, daß es aus diesen Gründen durchaus Gefühle des Mißtrauens und der Feindschaft zwischen den Chou Kou Tien-Leuten und einigen ihrer Nachbarn gegeben haben mag. Obwohl nämlich diese Nachbarn wahrscheinlich rassisch gesehen mit ihnen nah verwandt waren, könnten bei der relativen Isolierung, die diese Populationen erlebt haben müssen, doch kulturelle Unterschiede entstanden sein. Außerdem könnten die lokalen Verlagerungen und Wanderungen relativ fernstehende Gruppen mit einer noch unabhängigeren Kulturgeschichte an ihren Grenzen gebracht haben.

Gleichzeitig ist es natürlich auch durchaus möglich, daß zwischen benachbarten Gruppen Gefühle der Freundschaft und des Einvernehmens bestanden. Ich erinnere mich hier wieder an die Situation auf den Marquesas. Auf der Insel Nuku Hiva war die gesamte Bevölkerung fast ohne Ausnahme gleichen Ursprungs, sie sprach auch die gleiche Sprache. Und doch hatten sich in verschiedenen Tälern Traditionen tiefer Feindschaft und dauernder Kriegführung mit den einen entwickelt, mit anderen aber die besten nachbarlichen Beziehungen. Wir können uns daher für die Chou Kou Tien-Population durchaus ein Leben vorstellen, das durch seine – feindseligen oder erfreulichen – Beziehungen zu Nachbargruppen seine Glanzlichter erhielt und intensiviert wurde.

Eine der hervorragendsten Errungenschaften des Pekingmenschen in seiner Beherrschung der Umwelt war seine Kenntnis des Feuers und dessen Verwendung. Alle Lebensformen auf der Erdoberfläche sind, wo das Feuer natürlich auftreten kann, von ihm genau so entsetzt, wie wir noch heute, wenn wir mit seiner vernichtenden und verheerenden Macht konfrontiert werden. Selbst eine geringfügige Erfahrung mit der zerstörenden Natur des Feuers kann eine dauernde Furcht und Angst erzeugen.

Daher ist es sehr leicht zu verstehen, warum für Millionen

Jahre der Existenz des Menschen keine Beweise dafür gefunden werden konnten, daß er das Feuer benützte, obwohl ihm seine Existenz doch zweifellos bekannt gewesen sein muß. So weit wir wissen, waren die sich entwickelnden Hominiden in jenen frühen Tagen vor dem Erscheinen des Pekingmenschen auf tropische und subtropische Gebiete beschränkt. Das Feuer hatte mit Ausnahme seiner Wärme keinen oder wenig Wert für sie. Da gekochte Nahrung unbekannt war, kann das kaum als Verlockung angesehen werden, mit ihm zu experimentieren.

Es ist natürlich durchaus möglich, daß Tiere, die zufällig vom Feuer erfaßt und gebraten wurden, von einigen frühen Hominiden gekostet wurden und daß sich so ein Geschmack entwickelte, der zur bewußten Verwendung des Feuers führte; die Technik, Feuer zu machen und es zu kontrollieren, blieb dabei aber doch ein sehr schwieriges Problem.

Es kann natürlich auch einen Umweltfaktor gegeben haben, als man nämlich den wohltätigen Wert des Feuers auf lebende Organismen in kalten Klimaten erkannte. Es ist interessant, daß man die frühesten Beweise für den kontrollierten Gebrauch des Feuers in Gebieten wie Chou Kou Tien, Vértesszöllös in Ungarn und der Escale-Höhle in Frankreich fand, in Gebieten also, wo das kalte Klima das Feuer zu einem wertvollen Gehilfen des Menschen machte.

Wenn man an einem kalten Wintertag oder in einer Winternacht am Feuer in einer Höhle saß oder schlief, war das Leben viel erträglicher. Dieses Wissen und der Gebrauch des Feuers hätte einer der Faktoren sein können, der es den an die Tropenwelt angepaßten Hominiden ermöglichte, immer weitere Gebiete zu erkunden und dorthin zu ziehen. Es ist klar, daß die Hominiden ihre geographische Verbreitung zu diesem Zeitpunkt schon enorm erweitert hatten.

Als man den Pekingmenschen entdeckte, wurden die Spuren von Feuer, die man in seinen Wohnstätten fand, als erster Beweis dafür identifiziert, daß es geplant vom Menschen verwendet worden war. Seit dieser Zeit haben zwei Fundstätten in Europa Anlaß zu der Vermutung gegeben, daß das vom Menschen gemachte oder verwendete Feuer bis in eine noch frühere Zeit zurückreicht. Beide Fundstellen werden in die Mindeleiszeit eingestuft, die Escale-Höhle vielleicht ganz an den Beginn dieser Gletscherperiode. Wenn sich diese Daten als richtig erweisen, würde das zu dem Schluß führen, daß der Mensch das Feuer nicht in China zum ersten Mal verwendet hat. Wenn der Gebrauch des Feuers seinen Anfang in Europa nahm, könnte er sich von hier aus in andere Zonen der Erde verbreitet haben. Dabei bleibt aber immer noch die Möglichkeit, daß der Pekingmensch den Wert des Feuers ganz unabhängig, wenn auch etwas später, erkannt hat. Wenn die Gewinnung von Wärme der erste Verwendungszweck war, hat der Mensch die Möglichkeit, damit zu kochen, sicher schnell als weitere Funktion des Feuers herausgefunden. Da der Pekingmensch nichts von der Töpferei verstand und man auch sonst keinerlei Gefäße gefunden hat, konnte das Braten die einzige Zubereitungsart gewesen sein. Tatsächlich ist das auch die Technik, die die meisten heutigen Jäger-Sammler-Völker anwenden.

Wie das Feuer gemacht wurde, wissen wir nicht. Die Zahl der Möglichkeiten war jedoch begrenzt. Abgesehen davon, daß man die Reste eines „natürlichen“ Feuers benützte, das durch einen Blitzschlag ausgelöst wurde, konnte man dadurch Feuer machen, daß man mit geeigneten Steinen Funken schlug oder daß man Stöcke so lange gegeneinander rieb, bis die entstehende Reibungshitze den Zunder in Flammen setzte. Andere primitive Methoden sind nicht bekannt. Wenn einmal Feuer gemacht worden war, war es eine sehr wichtige Aufgabe, es am Brennen zu erhalten, denn dadurch konnte man sich die mühsame Arbeit sparen, ein neues zu entzünden. Ein einmal brennendes Feuer war auch ein wichtiger zentraler Punkt: von hier aus konnte man neue Herdstätten in der Umgebung anlegen. Das Feuer wurde so zu einer Kostbarkeit; man brauchte jemanden, der darüber wachte und es am Leben erhielt. Man muß sich fragen, ob die heiligen Feuer in griechischen und anderen Tempeln, die geweihte Jungfrauen bewachten und hüteten, nicht ihren Ursprung Hunderttausende von Jahren früher in den kostbaren Herdstätten von Chou Kou Tien, Vértesszöllös und Escale gehabt haben.

Eines steht jedenfalls fest: diese unschätzbare Technologie gestaltete das Leben des Pekingmenschen viel behaglicher, als es sonst gewesen wäre. In der kalten Jahreszeit war der Herd sicherlich der Mittelpunkt des Familienlebens, er lieferte den versammelten Mitgliedern Wärme und briet das Essen für ihre feiner gewordenen Mahlzeiten. Zum Essen benützte man natürlich die Hände, da weder Eßstäbchen noch Messer und Gabel bekannt waren – obwohl eine entfernte Möglichkeit besteht, daß Eßstäbchen in einer groben Vorform verwendet wurden.

Es ist bemerkenswert, daß die Kontrolle und die Verwendung des Feuers eine Art Markstein in der Geschichte der menschlichen Technologie und der Anpassung des Menschen daran darstellt. Der frühe Mensch hatte zweifellos andere Quellen natürlicher Energie benützt. So hätte er sich beispielsweise auf einem Baumstamm in einem fließenden Gewässer treiben lassen können. Sicher verwendete er die Energie, die in der gesammelten und gejagten Nahrung latent war. Bis er jedoch das Feuer besiegte und lernte, es für seine eigenen Zwecke zu gebrauchen und zu kontrollieren, war er nicht über die Stufe anderer Tiere hinausgegangen, die zwar natürliche Energien verwenden, denen es aber an der Fähigkeit mangelt, sie bewußt zu manipulieren. In einem gewissen Sinn kann man sagen, daß der Pekingmensch an der Anfangsstufe einer Entwicklungsreihe steht, die die Menschheit zur Erfindung von Wassermühlen, Windmühlen, von Segeln, Dampfmaschinen und Benzinmotoren, von elektrischer und atomarer Kraft und dem außerordentlichen Komplex mechanischer und technologischer Geräte geführt hat, deren Gesamtheit unsere moderne Welt bildet. Es war der schicksalhafte Beginn der Verwendung von natürlichen Kräften und Energien.

Die Frage, ob die *Sinanthropinen* über rein materielle Vorstellungen hinausgegangen sind oder nicht, ob sie sich lediglich darauf konzentrierten, aus ihrer Umwelt den Lebensunterhalt zu gewinnen und andere strikt physische Bedürfnisse zu befriedigen, können wir schwerlich mit Überzeugung beantworten. Offensichtlich muß es bei ihnen einen gewissen Grad von Zuneigung und wechselseitiger Fürsorge gegeben haben. Diese Gefühle und Bedürfnisse reichen tief in die Primaten – ja sogar in die Säugetier-Vergangenheit des Menschen zurück. Sicherlich hat die mütterliche Fürsorge und Liebe in ihrem Leben eine beträchtliche Rolle gespielt, denn diese Eigenschaften sind unzerstörbar in die Evolution höherstehender Wesen eingebaut, die mehr oder weniger hilflose Junge in die Welt setzen. Ohne sie hätten die *Sinanthropinen* nicht überleben und ihre Entwicklung fortsetzen können, ihre Linie wäre ausgestorben. Auch die Liebe zwischen Paaren hatte bei diesen primitiven Menschen ihren Ausdruck gefunden, so wie das auch bei noch primitiveren Geschöpfen der Fall ist. Man kann sogar annehmen, daß bei einem Volk, das so weit von den frühesten hominiden Anfängen entfernt und dem modernen Menschen relativ so nahe steht, auch die Liebe zwischen Ehepartnern, wie wir sie kennen, schon bestanden hat.

Was den Menschen aber vielleicht am deutlichsten von anderen Primaten oder überhaupt von anderen Tieren unterscheidet, ist ein intellektuelles und psychologisches Gefühl, das aus der Verwunderung und der Sorge des Menschen um die Natur der Welt entspringt, in der er lebt, um seine Rolle darin und seine Zukunft.

Die Neugier über diese Aspekte des Lebens und das Bedürfnis, dafür irgendeine Erklärung zu erhalten, finden bei fast allen lebenden Völkern ihren Ausdruck – ganz gleich, welche Kulturstufe sie erreicht haben mögen. Die Läuterung der intellektuellen Umwelt eines Menschen ist kein Maßstab dafür, wie sich ein Volk mit solchen Dingen befaßt. Selbst bei den einfachsten Kulturen finden wir Ursprungsmythen und Auffassungen über die Art, wie die Welt – und sogar das Universum – strukturiert sind und in Gang gehalten werden. Götter mit übernatürlichen Kräften werden als Gewalten verstanden, die versöhnt und angefleht werden können; Geister verschiedener Art und Neigung bewohnen ihre sichtbare und unsichtbare Welt. Oft findet sich ein Gefühl des Mystizismus, der nicht nur in rein religiösen Tätigkeiten, sondern auch in vielen Einzelheiten des Alltagslebens eine äußerst gewichtige Rolle spielt. In einigen Fällen kann diese Mystik das alltägliche Leben in einem solchen Ausmaß durchdringen, daß Religion und Kultur kaum mehr voneinander zu trennen sind.

Daß man eine übernatürliche Macht – oder übernatürliche Mächte – anerkennt und hinnimmt, bedeutet natürlich nicht, daß diese Begriffe nicht eine wachsende Verfeinerung von den Ideen, die in primitiven Gesellschaften üblich sind, bis zu subtilen und hochentwickelten Religionssystemen der modernen Gesellschaft aufweisen. Auch die Religion hat wie alle anderen menschlichen Begriffssysteme eine Geschichte wachsender Verfeinerung erlebt. Meine These behält jedoch Gültigkeit, daß wir erstmals beim Menschen auf eine Ebene der intellektuellen Entwicklung stoßen, die eine Erklärung der Welt und ihrer Phänomene fordert.

Der einzige Weg, wie wir in Erfahrung bringen könnten, daß prähistorische oder *Vor-Homo-Sapiens*-Populationen diesen Punkt der menschlichen Entwicklung erreicht haben, wäre der, daß wir Schreine, Tempel oder Figuren auffinden, die Götter, Göttinnen und andere übernatürliche Kräfte repräsentieren, oder daß einige materielle Gegenstände überlebt hätten, die einen Aspekt ihrer religiösen Systeme symbolisieren. In einer Kultur jedoch, die so primitiv ist wie die des Pekingmenschen, können wir aus dem Fehlen so hochentwickelter Strukturen wie der von Schreinen oder Tempeln nicht schließen, daß derartige Vorstellungen überhaupt nicht existiert haben. Sie stehen technologisch betrachtet weit jenseits der Stufe, die der Pekingmensch erreicht hatte.

Dazu gehört auch, daß selbst das einfache Schnitzwerk einer Götterfigur Werkzeuge erfordert hätte, die er nicht besaß. Es wäre natürlich durchaus möglich, daß er natürliche Dinge von bizarrer Gestalt verehrte, die er vielleicht als Zeichen göttlicher Kräfte auffaßte, die wir aber nicht als Teile seines archäologischen Erbes erkennen würden. Vielleicht besaß er auch vergängliche Objekte, die er mit seinen einfachen Hilfsmitteln herstellte und die dem gleichen Zweck dienten; ihre Bedeutung wäre uns aber verloren gegangen, selbst wenn sie erhalten geblieben wären.

Eines der wenigen Zeichen, die darauf hinweisen könnten, daß er sich bereits mit mystischen und religiösen Überlegungen befaßte, wären ferner Beweise für eine formelle Bestattung. Wenn Leichen bewußt bestattet werden mit Hinweisen, daß sie nach einer bestimmten Richtung orientiert waren, wenn solche Gräber eine Ausstattung erhielten, die für das Leben nach dem Tod bestimmt waren, wenn die Leichen auf eine besondere Art beigesetzt wurden, wie etwa voll ausgestreckt oder mit an die Brust angezogenen Knien oder auf einer Seite liegend, so würde das bestimmt auf ein feststehendes Ritual oder auf den Glauben an ein Weiterleben nach dem Tode hinweisen. Ein so verfeinertes Konzept würde auch darauf hindeuten, daß es nicht allein existierte, sondern Teil eines größeren umfassenderen mystischen und religiösen Systems war – vergleichbar mit dem, was, wie wir wissen, bei den einfacheren Kulturen unserer eigenen Zeit existiert. Tatsächlich tauchen formelle Beisetzungen erst spät in der menschlichen Vorgeschichte auf. Erst wenn wir zum Neandertaler kommen, der ungefähr 400 000 Jahre nach dem Pekingmenschen lebte, finden wir diese Art von Beweisen. Keines der Fossilien von Chou Kou Tien gibt auch nur den leisesten Hinweis darauf, daß es bewußt auf eine rituelle Art beigesetzt worden ist. Daraus und aus dem Fehlen anderer Beweise für religiöse Begriffe können wir natürlich den Schluß ziehen, daß sich die *Sinanthropinen* noch nicht mit der Natur, dem Ursprung und der Funktion der Welt, in der sie lebten, befaßt haben, genau so wenig wie mit dem Sinn des Lebens und seiner möglichen Unsterblichkeit. Ich vermute jedoch, daß wir ihnen mit dieser Auffassung unrecht tun.

# 5 Der evolutionäre Hintergrund

Fünfzig Jahre sind verstrichen, seit man in dem Pekingmenschen unmittelbar nach seiner Entdeckung eine völlig verschiedene Form des frühen Menschen erkannte – nach der Meinung Davidson Blacks eines so verschiedenen Typs, daß seine Identifizierung als Vertreter einer völlig separaten Gattung der Hominiden, eben das *Sinanthropus pekinensis* gesichert schien. Obwohl diese Einschätzung in der Folgezeit etwas relativiert wurde, lieferte er uns noch für eine ganze Weile zusammen mit seinem nahen Verwandten, dem *Pithecanthropus erectus* aus Java, unsere einzige Vorstellung davon, wie der primitive Mensch ausgesehen hat. Heute, nachdem eine erstaunliche Menge noch früherer und noch primitiverer Hominiden vor allem in Süd- und Ostafrika entdeckt worden sind, gewinnt die Position des Pekingmenschen in der Sequenz von Entwicklungsstufen, die zum *Homo sapiens* führen, völlig neue Aspekte. Es ist durchaus natürlich, daß die Rekonstruktion der evolutionären Reihe, die zum modernen Menschen führt, selbst eine Entwicklungsgeschichte besitzt. Die zeitgenössischen Lücken in den fossilen Funden, die Auswirkungen des Zufalls in der Reihenfolge der Entdeckungen, das Zusammenspiel zwischen feststehenden Hypothesen und neuen Beweisen, die diese festverwurzelten Begriffe in Frage stellten – sie alle haben ihre Rolle in dem sich entwickelnden Drama gespielt. Die intellektuelle Geschichte der Rekonstruktion der menschlichen Entwicklung ist generell ignoriert worden. Wenn wir aber unsere gegenwärtigen Ansichten über den Platz bewerten, den der Pekingmensch einnimmt, ist es von beträchtlichem Interesse und vielleicht auch wesentlich, wenn wir etwas von dem Hintergrund des Themas untersuchen und auch die Frage, inwiefern er diese Beurteilungen beeinflußt hat.

Diese Geschichte hat nämlich nicht nur unsere Bewertung des Pekingmenschen als Markstein auf dem Weg zum *Homo sapiens* beeinflußt, sondern auch unsere Auffassung von ihm als dem Produkt einer Kombination von dynamischen Faktoren und von Anpassungsprozessen. So können wir die Beziehungen des Pekingmenschen zu anderen bekannten Fossilien untersuchen, um seinen Platz in der Reihe der sich entwickelnden Hominiden festzulegen. Genau so grundlegend ist jedoch ein Verständnis der Bedeutung der Veränderungen, die im Verlauf der menschlichen Entwicklung eintraten, denn diese bestimmen tatsächlich die Reihenfolge und die Einordnung und liegen ihnen zugrunde.

Die Rekonstruktion der Entwicklung jeder beliebigen Gattung, den Menschen eingeschlossen, gleicht ein wenig dem Zusammensetzen eines Bilderpuzzles, bei dem nicht alle Teile vorhanden sind. Genauso, wie man unter diesen Umständen die Puzzleteile, die vorhanden sind, probeweise zusammensetzen kann und dabei Hinweise wie Farbschemata, Ränder und vorspringende Teilstücke benützt, geht es dem Paläontologen, der große leere Flächen und nur einen kleinen Bruchteil der Stücke hat, die die Kontinuität einer Entwicklungslinie bestimmen. Er ist gezwungen, die Einblicke als Hilfe zu benutzen, die auf der vergleichenden Anatomie sowie auf den theoretischen Leitbildern beruhen, die eine frühere Forschung bereits angedeutet hat. Wenn man dann, um in der Analogie fortzufahren, unter dem Tisch fehlende Puzzlestücke entdeckt, kann man entweder feststellen, daß sie sich sehr hübsch in das Probebild einfügen – oder aber man sieht sich gezwungen, alles wieder umzubauen.

Wenn man bedenkt, wie kompliziert eine unbeendete Rekonstruktion erscheint, wirkt es in der Rückschau höchst erstaunlich, daß man es vor einhundertfünfzig Jahren, als man fast keine Anhaltspunkte besaß, überhaupt gewagt hat, eine solche Nachzeichnung für die menschliche Entwicklung zu suchen. Alles, was damals zur Verfügung stand, waren zwei Stücke des gesamten Schemas. Erst nachdem Darwin im Jahre 1859 sein Werk „Über die Entstehung der Arten durch natürliche Zuchtwahl“ veröffentlicht hatte, das die zwei Stücke bildlich gesprochen unter den Tisch fegte, begann ein ernsthaftes Studium der menschlichen Entwicklung mit Hilfe der fossilen Funde. Schon am Ende des achtzehnten Jahrhunderts hatten Fossilien die Entwicklung der neuen Wissenschaft der Paläontologie gefördert und gleichzeitig die Geologie mit neuen Werkzeugen und Einblicken versorgt; eine Bewertung der fossilen Relikte des Menschen war aber noch nicht ernstlich in Betracht gezogen worden.

Obwohl wir ganz allgemein Darwin die Erkenntnis der Evolution als den Schlüssel zum Verständnis der Prolifikation und der Modifikation zuschreiben, hatten die Paläontologen und Geologen in der Tat schon Jahrzehnte früher mit dieser Idee gespielt. Buffon und Cuvier hatten im späten achtzehnten Jahrhundert Ideen über dieses Thema entwickelt, und Lamarck, der jetzt wegen seines Begriffs der daran beteiligten Dynamik in Mißkredit geraten ist, hat trotzdem bereits 1809 eine Vision der evolutionären Veränderung und Entwicklung präsentiert.

Sir Charles Lyell, eine der Schlüsselfiguren der Geologie des frühen neunzehnten Jahrhunderts, hat viel über das nachgedacht, was er als die „Transmutation“ der Arten bezeichnete. Der größte Teil dieser neuen Ideen richtete sich auf die zeitlichen Veränderungen, die an fossilen Muscheln und Tieren in übereinander lagernden Schichten und Sedimenten beobachtet werden konnten. Der Mensch als mögliches Subjekt ähnlicher Einflüsse und mit einer vergleichbaren Geschichte von Modifikationen wurde dabei kaum erwähnt.

Eine bemerkenswerte Ausnahme bildete hier jedoch die „Kette“ der Existenz, die der berühmte schottische Richter Lord Monboddo als Verbindung zwischen dem Menschen, den Affen und niedrigeren Lebensformen in Vorschlag brachte. Boswells Amüsement über diese Idee spiegelte die allgemeine Reaktion darauf wider. Das weithin akzeptierte jüdisch-christliche Dogma vom Ursprung des Menschen diente teilweise dazu, davor abzuschrecken, daß man ihn in diesen Prozeß der Veränderung einschloß.

In den westlichen Zivilisationen, wo sich eben die moderne Wissenschaft entwickelte, glaubte man immer noch ganz allgemein, daß der Mensch seinen Ursprung einem göttlichen Willensakt verdanke und daß er durch den ganzen Verlauf der Geschichte bis herab in die Gegenwart unverändert geblieben sei.

Gleich wichtig war hier allerdings das Fehlen von fossilen Funden, die hartnäckig ein Neuüberdenken einer solchen Auffassung gefordert hätten. Da ein entsprechender Beziehungsrahmen nicht vorhanden war, ist es durchaus möglich, daß so mancher wertvolle Hinweis vielleicht übersehen oder beiseitegeschoben wurde, da man ihn für wert- und bedeutungslos hielt. Man muß sich einfach wundern, wieviele Funde von unschätzbarem Wert selbst in unserer eigenen Zeit noch weggefegt werden, weil oft die intellektuelle Umgebung fehlt, die die nötigen Einblicke in die Bedeutung dieser Funde geben könnte.

Diese Tendenz, fundamentale Daten falsch zu beurteilen oder zu ignorieren, falls kein Schema vorhanden ist, in das sie eingepaßt werden könnten, wird durch die Geschichte der fossilen Funde illustriert, mit denen das Studium der menschlichen Paläontologie begonnen hat. Der erste war der Gibraltarmensch, der 1848 an dem Ort ausgegraben wurde, nach dem er benannt wurde. Die Form und die Eigenart des Schädels waren, mit dem modernen Menschen verglichen, so verschieden, daß sie eine gewisse Neugierde weckten; diese Neugier legte sich aber schnell wieder. Wenn man die gewaltige historische Bedeutung der Tatsache bedenkt, daß der Gibraltarmensch als das erste entdeckte Relikt eines Vor-*Homo sapiens* erkannt wurde, erscheint es erstaunlich, daß er so beiläufig behandelt wurde.

Dann wurde im Jahr 1856 der Schädel, der jetzt als der Neandertaler bekannt ist, in dem Tal gleichen Namens in Deutschland entdeckt – und wieder regten seine deutlich verschiedenen Züge, besonders sein vorspringender massiver Stirnwulst, den man bei keiner Form des modernen Menschen findet – das Nachdenken an. Dr. H. Schaaffhausen, der den originalen Bericht über die anatomischen Eigenheiten des Fundes vorbereitete, war sich der bemerkenswerten Abweichungen von allen bekannten lebenden Typen der Menschheit durchaus bewußt; er konnte den Neandertaler aber lediglich als Relikt einer „barbarischen" Menschenrasse verstehen, die Europa gerade vor den Kelten und den Germanen bewohnte, oder möglicherweise als Angehöriger einer der wilden Rassen in Nordwesteuropa, die die lateinischen Schriftsteller beschrieben haben.

Für eine weitere allgemein verbreitete Ansicht war die Meinung typisch, die der international berühmte Pathologe Rudolf Virchow vorgetragen hat. Durch seine Forschungen hatte er einen beneidenswerten Ruf erlangt; infolgedessen hatte sein Wort auch viel Gewicht. In diesem Fall äußerte er die Ansicht, der Schädel sei lediglich eine pathologische Form des modernen Menschen. Es gibt einen heute als Akromegalie bekannten Zustand, der, wie wir jetzt wissen, durch eine übermäßige Produktion des Wachstumshormons durch die Hypophyse verursacht wird. Neben anderen Symptomen wird dieses Syndrom durch eine bemerkenswerte Verdickung in den Fingern, Zehen, dem Unterkiefer und dem Stirnwulst gekennzeichnet. Der französische Arzt Pierre Marie hat die Akromegalie erst in den 1890er Jahren überzeugend als eine endokrine Störung dokumentiert, als die aktive Erforschung des Drüsensystems gerade begonnen hatte. Obwohl Virchow nichts von dem hormonalen Ursprung dieser Pathologie wußte, muß er sich ihres Vorhandenseins durchaus bewußt gewesen sein, da sie gar nicht so selten auftritt. Ich vermute, daß das Virchows Beurteilung des Neandertalfundes beeinflußt hat. In aller Fairneß gegenüber seinem hohen Wissensstand und seiner Unkenntnis unserer frühen Vorfahren, glaube ich, daß sein Irrtum nicht völlig unerklärlich ist.

Diese zwei Entdeckungen, die den Beginn der Fossiliensammlung bezeichnen, mit deren Hilfe wir jetzt der menschlichen Evolution nachspüren, wären längst verloren und vergessen, wenn sie ein Jahrhundert vor der Veröffentlichung von Darwins Buch gemacht worden wären. Denn jetzt erst dämmerte es dem Menschen zum ersten Mal, daß er – genau so wie er sich in der Vergangenheit verändert und entwickelt hatte – dazu bestimmt war, sich auch in der Zukunft zu verändern und zu entwickeln.

Es ist eine seltsame Laune des Zufalls gewesen, daß die beiden Funde einen Typ repräsentieren, der jetzt als Neandertaler bekannt ist und der eine Form darstellt, die in Europa und auch anderswo existierte, gerade ehe der moderne Mensch oder *Homo sapiens* in Erscheinung trat. Die viel früheren Hominidentypen, die *Australopithecinen* Süd- und Ostafrikas wurden fast dreiviertel Jahrhunderte später entdeckt.

So wurde die Primitivität des Neandertalers überbetont, weil er für lange Zeit die einzige Ahnenform war, die wir kannten. Obwohl seine Unterschiede zum modernen Menschen sichtbar und real genug waren, wurden sie in einer Art übertrieben, wie es vielleicht nicht der Fall gewesen wäre, wenn wir die frühesten Typen des Menschen zuerst gefunden und uns dann zum Neandertaler durchgearbeitet hätten.

In den Jahrzehnten nach Darwins epochemachender Veröffentlichung verstärkte sich das Interesse an den fossilen Relikten des Menschen ganz ungemein. Zum mindesten war das in wissenschaftlichen Kreisen, bei Anatomen, Anthropologen, Paläontologen, Geologen und Medizinern der Fall. Thomas Henry

Huxley schrieb in England ausführlich über das Thema und zeigte sein sehr aktives Interesse an den fossilen Relikten des Vor-*Homo sapiens;* er verwendete sie als bezeichnenden Beweis für die Gültigkeit der menschlichen Entwicklung aus Primatenahnen. Haeckel war in Deutschland ebenfalls ein glühender Verfechter der Entwicklungslehre, und in Frankreich, wo einige der neuen Entdeckungen gemacht worden waren, entstand eine ganze Schule von Fachleuten.

Es dauerte jedoch bis zu den Jahren 1891/92, ehe ein neuer Fund der Wissenschaft einen weit primitiveren Typ von Hominiden bot, als er bis dahin bekannt war.

Der *Pithecanthropus erectus* wurde von Dr. Eugène Dubois, einem Arzt mit einem starken Interesse am fossilen Menschen, in Java aufgefunden. Dubois war in den Sanitätsdienst der holländischen kolonialen Streitkräfte eingetreten, um dieses Gebiet nach Fossilien durchforschen zu können. In der Rückschau erscheint es höchst seltsam, daß er sich ausgerechnet diese Insel als vielversprechendes Gebiet ausgesucht hatte, denn bis dahin hatte es in dieser Gegend noch keinerlei Hinweise auf den frühen Menschen gegeben. Man hatte jedoch Fossilien von Säugetieren aufgefunden und das mag Dubois auf den Gedanken gebracht haben, die Region sei auch für die Suche nach fossilen Relikten des Menschen geeignet. Vielleicht war er auch durch damalige Überlegungen beeinflußt worden, die den Ursprung des Menschen in Asien suchten.

Auf jeden Fall wurden diese neuen Funde an den Ufern des Solo (oder Bengawan)-Flusses in einer ungestörten Schicht gemacht, die nach geologischen und paläontologischen Hinweisen sehr alt waren. Das annähernde Alter der Schicht, das den Zeitraum für die Relikte angab, die in ihr gefunden wurden, war damals etwas umstritten, da ja die Techniken der geologischen Datierungen noch nicht so weit fortgeschritten waren wie heute. Heute kann man mit Hilfe der Radiokarbondatierung das Alter eines Fundes ziemlich genau auf 40000–50000 Jahre bestimmen. Für ältere Schichten, in denen geeignetes Gestein zur Verfügung steht, wird allgemein die Argonmethode angewendet; die Datierung hängt von der Korrelation einer neu entdeckten Schicht zu anderen bekannten Alters oder von Ähnlichkeiten der in ihnen gefundenen Faunarelikte ab. Diese Techniken, die für viele frühe Hominidenfunde allein zur Verfügung stehen, sind keineswegs leicht anzuwenden; es gibt nämlich sehr viele Quellen für Fehlberechnungen, die wiederum zu großen Unterschieden bei den Ergebnissen führen können. Die geologischen Folgerungen eines bestimmten Gebiets lassen sich in einem anderen vielleicht nicht genau wiederholen; die Assoziationen der Fauna können nicht immer die Möglichkeit ausschließen, daß Tiere, die in einem Gebiet ausgestorben sind, in der Region, wo Daten für ihre zeitgenössische Existenz festgesetzt werden, noch lange überlebt haben. Aus diesen Gründen rangierte die anfängliche Bestimmung des geologischen Alters von Dubois' Fund vom späten Pliozän bis zum mittleren Pleistozän – also in einem Bereich, der mehrere Millionen von Jahren umfaßte.

Eine jüngere Neubewertung der Grundhinweise hat die Zeit gegenwärtig auf das mittlere Pleistozän festgesetzt. Demnach wären die Funde annähernd 600 000 bis 700 000 Jahre alt. Das war natürlich ein viel früherer Zeitpunkt, als er den schon länger bekannten Neandertaler-Fossilien zugewiesen werden konnte. Die Epoche der Neandertaler ging, wenigstens in Europa, dem Erscheinen des *Homo sapiens* nur um etwa 40 000 bis 45 000 Jahre voraus.

Die Fossilien, die in Java gefunden wurden, bestanden aus dem Dach eines Schädels, drei Zähnen, Teilen eines Kieferknochens und einem linken Femur oder Oberschenkelknochen, der praktisch intakt war. Diese Bruchteile konnten nicht von einer Bestattung stammen, da sie auf einer Fläche von 13,8 Meter Durchmesser verstreut waren. Ihre Verteilung deutet darauf hin, daß sie entweder vom Solofluß, in dessen Flußbett sie ge-

legen hatten, an die Fundstelle geschwemmt worden waren oder aber, daß sie von einem Tier verstreut und danach von den Ablagerungen des Flusses zugedeckt worden waren.
Die Schädeldecke ist niedrig und flach mit Spuren eines stark vorspringenden Stirnwulsts, hinter dem kaum eine Stirn lag. Die Messungen des Gehirninhalts variieren etwas, sie bewegen sich jedoch um etwa 800 Kubikzentimeter. Obwohl solche Gehirngrößen noch erheblich selbst über den Maximalzahlen für die Menschenaffen mit dem größten Gehirninhalt liegen, befinden sie sich doch weit unterhalb dessen, was wir als die normalen Varianten beim *Homo sapiens* kennen. Mit dem Neandertaler verglichen, war der fossile Schädel des Javamenschen auch in seinen anatomischen Einzelheiten auffällig primitiver.
Der Schenkelknochen allerdings bot ein völlig anderes Bild. Er war verhältnismäßig lang und ließ auf eine Körpergröße von etwa 173 Zentimeter schließen. In seiner Formung war er eindeutig ein Femur, der für eine aufrechte Haltung und einen aufrechten Gang völlig geeignet war.
Alle morphologischen Veränderungen in der Knochenstruktur, die die muskulären Entwicklungen widerspiegeln – welche ihrerseits diese Haltung möglich und normal machen – waren vorhanden und sind von dem, was wir beim modernen Menschen finden, nicht zu unterscheiden. Für viele der zeitgenössischen Wissenschaftler schien hier eine erhebliche Diskrepanz zu bestehen: hier war ein erstaunlich primitiver Schädel, der auf einen Affen hindeutete, und dazu ein Schenkelknochen, der von unserem eigenen nicht zu unterscheiden war. Diese scheinbare Unvereinbarkeit oder Disharmonie wurde als Argument dafür gebraucht, daß die zwei Fossilien nicht zusammengehörten, sondern zwei deutlich voneinander verschiedene Typen repräsentierten: bei dem einen handle es sich um einen sehr primitiven und affenartigen Typ – bei dem anderen sehr wahrscheinlich um einen modernen Menschen, der durch einen Zufall mit dem Schädel assoziiert worden war. Um diese Aus-

legung noch zu unterstützen, brachte man vor allem auch den Abstand vor, in dem die einzelnen Knochen in der Schicht gefunden worden waren.

Diese Reaktion auf die Auffindung des *Pithecanthropus erectus* illustriert ein Phänomen, das allgemein genug ist – und zwar nicht nur in der menschlichen Paläontologie –, sondern in der Wissenschaft überhaupt.

Wenn man damit beginnt, ein bisher unbekanntes oder nur undeutlich erkanntes Forschungsgebiet in Angriff zu nehmen, muß man unweigerlich mit einigen wenigen Tatsachen oder Vermutungen anfangen. Da ein hinreichender Korpus von erwiesenen und feststehenden Daten nicht vorhanden ist, sieht man sich dazu genötigt, eine Arbeitshypothese aufzustellen. Auf einem sehr aktiven Arbeitsgebiet, an dem viele Forscher beteiligt sind, kann eine ganze Anzahl miteinander rivalisierender Auffassungen formuliert werden. Wenn neue Fakten und Beobachtungen ans Licht gefördert werden, können sie die eine oder die andere dieser Arbeitshypothesen unterstützen; genausogut können sie aber auch deren Gültigkeit untergraben und zu einer Neuuntersuchung zwingen. Die Folge sind dann Modifizierungen, die zu den neuen Entdeckungen passen. Auf einem experimentellen Gebiet kann die Suche nach neuen Fakten aktiv entsprechend den vorhandenen Möglichkeiten und der Zahl der Mitarbeiter gefördert werden. Der Fortschritt bei der Arbeit wird natürlich von einer Anzahl von Fakten abhängen. Dazu gehört auch, daß Techniken zur Verfügung stehen, durch die man zu wesentlichen Erkenntnissen gelangen kann. In der menschlichen Paläontologie stoßen wir auf gewisse Schwierigkeiten, die ihren Fortschritten einen etwas idiosynkratischen Charakter gegeben haben, wenn man sie mit den experimentellen Wissenschaften vergleicht. Der Wissenschaftler auf diesem Gebiet kann sich bei der Suche nach Fakten, die die versuchsweise aufgestellten Hypothesen stützen oder widerlegen könnten, keineswegs auf geplante Experimente in einem

Laboratorium verlassen. Hier sind seine Quellen für neue Daten lediglich die versteinerten Reste ausgestorbener Lebensformen, die nur in den geologischen Schichten der Vergangenheit gefunden werden können. Wo Entdeckungen dieser Art begrenzt sind, können die daraus gezogenen Schlüsse ebenfalls nur Deutungsversuche sein.

Eine Generation lang vor der Entdeckung des *Pithecanthropus* waren die Forscher der menschlichen Evolution, da Fossilien des frühen Menschen nicht vorhanden waren, bei der Rekonstruktion dieser Entwicklungsstufe stark von ihren Studien an den lebenden Menschenaffen beeinflußt worden. Obwohl es starke Meinungsverschiedenheiten gab, welcher von den Menschenaffen der wahrscheinlichste Kandidat für eine Verwandtschaft mit dem hominiden Vorläufer des Menschen sei, glaubte man weithin, daß der Übergang von einem affenartigen Vorgänger zu einem primitiven Hominiden durch eine Reihe symmetrischer und harmonischer Veränderungen gekennzeichnet sein würde, die allmählich und nebeneinander die verschiedenen Teile der Anatomie betrafen. So nahm man an, daß eine Vergrößerung des Gehirns auf einen hominiden Umfang in enger Beziehung zu einer harmonischen oder symmetrischen Entwicklung der aufrechten Haltung stehe. Daß eine Entwicklung zu einer aufrechten Körperhaltung ganz unabhängig von einer Veränderung der Größe des Gehirns eingetreten sein könnte – ja – im Gegenteil einer der auslösenden Faktoren für seine spätere Zunahme gewesen sein mochte – wurde aus keinem der vorliegenden Beweise erschlossen. Da irgendwelche anerkannte Fossiliendaten aus den frühesten Stufen der hominiden Evolution fehlten, mußte diese von niemandem angezweifelte Auffassung letztlich die erste Reaktion auf Fossilien beeinflussen, die diese früheren Phasen der menschlichen Evolution repräsentierten.

Das wirft die Frage auf, warum die fossilen Beweise nur langsam ans Licht kommen – eine Frage, die auch nur für unsere

Tage gilt. Hier haben wir es mit einem interessanten Komplex zu tun, der die Bedeutung gesellschaftlicher, kultureller und intellektueller Faktoren in ihrer Einwirkung auf ein Wissenschaftsgebiet dieser Art widerspiegelt. Zu allererst: Wie findet man menschliche Fossilien? Wo sucht man danach? Und selbst wenn man vermutet, daß ein bestimmtes Gebiet reiche Erträge bringen wird – wo genau soll man graben oder wie soll man die winzigen Objekte finden, die man sucht?

In der Frühzeit der Wissenschaft wurden die meisten, wenn nicht alle Fossilien rein zufällig entdeckt. Bei der Anlage von Steinbrüchen, beim Straßenbau, beim Pflügen – überhaupt dann, wenn der Mensch aus technologischen Gründen die Erdoberfläche aufwühlte – wurden bei sehr seltenen Gelegenheiten steinere Artefakte und noch viel seltener Skelettrelikte ans Tageslicht gefördert. Ehe die Archäologie dem Menschen die Einsicht in die Bedeutung der kulturellen Relikte der Vergangenheit brachte, wurden diese Funde ignoriert und weggeworfen. Zu Beginn des neunzehnten Jahrhunderts zogen solche zufälligen Entdeckungen die Aufmerksamkeit der Ausgräber auf sich, die sich ihres möglichen Werts und des Interesses bewußt waren, das die Archäologen an ihnen zeigten. So wurden diese zufälligen Funde wahrscheinlich mehr und mehr zu Fachleuten gebracht, die ihre Bedeutung bewerten konnten. Zu einem sehr kleinen Bruchteil wurden bei diesen Ausgrabungen auch menschliche Fossilien gefunden. Wie aber bereits festgestellt wurde, erhielten diese seltenen Marksteine der menschlichen Evolution erst nach Darwin die Aufmerksamkeit, die sie verdienten.

Daß die meisten dieser Fossilien in Europa gefunden wurden, lag nicht etwa daran, daß sie dort besonders reichlich vorhanden waren, es war viel eher das Resultat einer fortgeschritteneren Technologie und auch eines weiter verbreiteten Bewußtseins ihrer Bedeutung.

In der zweiten Hälfte des neunzehnten Jahrhundert hatten die Bewohner Afrikas und Asiens keine oder nur geringe Kenntnis von der Bedeutung und dem Wert dieser Relikte; außerdem war es höchst unwahrscheinlich, daß jemand auf sie aufmerksam gemacht hätte, selbst wenn ein Fachmann erreichbar gewesen wäre, der den Wert der Funde zu schätzen gewußt hätte.

Neben diesen zufälligen Entdeckungen hatten die Archäologen eigene Forschungstechniken entwickelt; viele Fossilien des Neandertalers und des frühen *Homo sapiens* sind durch solche archäologischen Tätigkeiten bekannt geworden. Eine weitere wichtige Quelle für neue hominide Entdeckungen war dann die Suche durch Paläontologen nach tierischen Fossilien. Auch der Pekingmensch wurde auf diese Art entdeckt. Ich habe die Umstände bereits geschildert, die Dr. Andersson und seine Paläontologenkollegen in China zu dem Platz führten, wo dieser Mensch gefunden wurde.

Ehe also Dubois in der Absicht, nach Fossilien zu graben, nach Java ging, kannten die Human-Paläontologen nur eine begrenzte Anzahl europäischer Funde. Es dauerte lange, bis neues Material in die entsprechenden Laboratorien gelangte, und der größte Teil repräsentierte nur einen kleinen und späten Ausschnitt der Geschichte. Erst als eine weitere Generation dahingegangen war, wurden eigene Expeditionen zusammengestellt, die nach den Spuren des frühen Menschen suchen sollten.

Einige, wie die mongolischen Expeditionen Roy Chapman Andrews' in den 1920er Jahren, die ich bereits erwähnt habe, stellten fest, daß animalische Fossilien in weit größerer Zahl zu finden waren als menschliche. In den letzten dreißig oder vierzig Jahren sind diese geplanten Expeditionen immer zahlreicher geworden; in einigen Fällen haben sie auch ausgezeichnete Resultate erbracht und unser Wissen über dieses Gebiet gewaltig erweitert. Dr. Robert Broom, ein Arzt, der zum Paläontologen wurde, war einer der ersten, die in Südafrika diese Suche betrieben haben. Ralph von Koenigswalds Sammlung von Fossilien, die er in den späteren 1930er Jahren in Java zusammentrug, stellt eine weitere organisierte Suche dar, die sich lohnte. Seither haben Louis Leakey, Howell und andere vielversprechende Gebiete in Ostafrika erforscht, und glücklicherweise haben sich auch diese Arbeiten gelohnt.

Alle Zweifel, die hinsichtlich der Assoziation der Züge, die dem *Pithecanthropus* zugeschrieben wurden, noch bestanden haben mochten, wurden etwa vierzig Jahre nach seiner Entdeckung durch eine Reihe neuer Funde weggefegt, die von Koenigswald in Java machte. Einige dieser Funde kamen aus älteren und jüngeren Schichten, andere wieder waren mit den Funden Dubois' gleichaltrig. Unter diesen Relikten waren Kieferknochen, Teile des Gesichts und andere Skelettfragmente, die über jeden Zweifel hinaus die Tatsache bestätigen, daß der *Pithecanthropus erectus* ein voll aufgerichteter Hominide war – mit einem Schädel, der nichtsdestotrotz Spuren seiner affenartigen Herkunft verriet. Unter den Exemplaren, die von Koenigswald entdeckte, war ein Typ, der noch primitiver als der *Pithecanthropus* und möglicherweise dessen Vorfahr war. Er erhielt den Namen *Meganthropus.* Dieser Hominide ist von ganz besonderem Interesse, weil man ihn in die Zeit vor etwa einer Million Jahre zurückdatiert hat und weil er augenscheinlich ein Gegenstück hat, das in Südafrika gefunden wurde.

Ehe noch der *Sinanthropus* zum ersten Mal im fossilen Abfall von Chou Kou Tien gefunden wurde, machte man im Jahre 1924 in Südafrika eine weitere zufällige Entdeckung. Es handelte sich um den Schädel des *Australopithecus africanus.* Etwa 130 Kilometer von Witwatersrand hatte die Sprengung einer Kalksteinschicht einen versteinerten Primatenschädel zu Tage gefördert, auf den Raymond Dart, Professor der Anatomie an der Universität von Witwatersrand, aufmerksam gemacht wurde. Zusammen mit einem Kollegen, einem Geologen, beschloß er, die Fundstätte genau zu untersuchen.

Unter einigen weiteren Fossilien, die sie ausgruben, befand sich eines, das Darts besonderes Interesse auf sich lenkte. Das

Stück war beschädigt, ein Teil des Schädeldachs und des Gesichts waren weggebrochen und verlorengegangen. Der Rest war jedoch hinreichend vollständig, so daß er einen sehr angemessenen Eindruck davon vermittelte, wie der ganze Schädel ausgesehen haben mußte. Es handelte sich um ein noch unreifes Individuum im Alter von etwa fünf oder sechs Jahren, wie man nach den vorhandenen Zähnen schätzen konnte. Die Veränderungen eingerechnet, die mit dem Alter kommen, schloß man, daß die ausgereifte Form sehr primitiv und affenartig gewesen sein mußte. Selbst in der erwachsenen Form hätte die Gehirngröße die der Menschenaffen nur geringfügig übertroffen.

Als Dart seinen Fund bekanntgab und eine Beschreibung im Jahre 1925 veröffentlichte, wurde sein Urteil durch die damals festgelegten Auffassungen beeinflußt. Obwohl der Gesamtcharakter des Fundes einwandfrei affenartig war, war Dart offensichtlich durch einige Hinweise in eine hominide Richtung beeindruckt. Insbesondere stellte er anatomische Merkmale fest, die mehr auf eine aufrechte Körperhaltung hindeuteten, als das für einen Affen charakteristisch ist. Trotzdem wagte er es nicht sogleich, ihn als den frühesten Vertreter der aufkommenden menschlichen Linie zu bezeichnen, der bis dahin ans Tageslicht gekommen war. Tatsächlich ist auch der Name, den er ihm gab, für seine erste Einschätzung typisch. Er nannte dieses junge Exemplar *Australopithecus africanus,* den „südlichen Affen aus Afrika".

Die allgemeine Reaktion der Fachwelt auf einen Hinweis, daß hier ein neuer Markstein für den Verlauf gefunden worden sei, den die menschliche Evolution genommen hatte, war denkbar skeptisch. Sir Arthur Keith, eine der führenden zeitgenössischen Autoritäten, verwarf den Gedanken, daß der *Australopithecus* in die Reihe gehöre, die zum Menschen führte. Noch im Jahre 1931, als Professor Earnest Hooton in den Vereinigten Staaten sein Buch „Up from Ape" (Vom Affen aufwärts), eines der Standardwerke über das Thema, veröffentlichte, erwähnte er nicht einmal, daß das Fossil eine Bedeutung für die menschliche Entwicklung habe. Als begeisterter Schüler Hootons möchte ich gleich hinzufügen, daß dieser Irrtum nicht etwa gegen sein Sachverständnis spricht, es war vielmehr die Folge des Konservativismus in der wissenschaftlichen Forschung, die sich, wie ich auch bereits nachgewiesen habe, auf diesem Gebiet der Rekonstruktion der menschlichen Evolution besonders stark zeigte. Die Human-Paläontologen, die ganz mit den neuen Entdeckungen in China beschäftigt waren, übersahen es, eine Relevanz dieses Fundes zu ihren eigenen Fossilien zu erkennen. Es kommt keineswegs unerwartet, daß man es anfänglich ablehnte, den *Australopithecus* nahe der Linie oder in sie zu plazieren, die zum Menschen führte. Diese Skepsis ist immer wieder in vielen Zweigen der Wissenschaft aufgetreten, und man kann es durchaus vertreten, daß das so ist. Wenn jede neue Entdeckung auf einem beliebigen Gebiet der Wissenschaft völlig kritiklos akzeptiert würde, richtete das bei dem soliden Wachstum des wissenschaftlichen Gebäudes schwere Schäden an. Eine hartgesottene Skepsis, die überwältigend sichere Beweise fordert, mag für einen Neuerer sehr frustrierend sein. Sie kann sehr oft den Ablauf der Dinge verlangsamen, auf lange Sicht jedoch kann sie sehr wohl auch eine Rückversicherung gegen unrichtige und vorschnelle Schlußfolgerungen sein. Weitergehende Studien der Relikte dieses von den Erwartungen so abweichenden Kindes veranlaßten die Wissenschaftler, ihr früheres Urteil umzustoßen und es als den Vertreter einer frühen hominiden Phase anzuerkennen. Diese Berichtigung wurde durch die darauf folgende Entdeckung einer immer wachsenden Reihe sowohl eng verwandter wie etwas abweichender Typen vorangetrieben. Der Prozession, die 1924 mit dem *Australopithecus* begann, schlossen sich die Funde an, die Dr. Robert Broom 1934 machte. Broom war ein schottischer Arzt, der sich in Südafrika niedergelassen hatte. Als ich ihm anläßlich seines Besuchs in New York in den 1930er Jahren zum ersten Mal begegnete, erschien er mir als eine faszinierende Mischung von einem ziemlich altmodischen und vielleicht sogar etwas schäbigen Gentleman mit Eckenkragen und einem fast fanatischen Idealisten, der völlig in seinen paläontologischen Interessen aufging. Er sprach nur von seiner Arbeit und wenig sonst.

Als die neuen Funde durch Broom, Dart, Robinson und andere gemacht und dann der wissenschaftlichen Welt und der Weltpresse angekündigt wurden, wurden sie mit großem Eklat ins Rampenlicht gestellt und erhielten Namen, die ihre Einzigartigkeit noch unterstreichen sollten. Zusätzlich zu dem *Australopithecus africanus,* dem ersten in der Parade, umfaßte das Ensemble für den „Frühen Menschen" bald auch den *Paranthropus robustus,* den *Paranthropus crassidens,* den *Plesianthropus transvaalensis,* den *Australopithecus prometheus* und den *Telanthropus capensis.*

Als die *Australopithecinen* auftauchten, bestand eine Tendenz, jedem neuen Fund eine so unterscheidende Klassifizierung wie nur möglich zuzuweisen. Zum Teil war das ein Ergebnis der ganz natürlichen menschlichen Tendenz, die Bedeutung der eigenen Entdeckung besonders herauszustreichen. Lediglich ein weiteres Beispiel eines bereits gut bekannten fossilen Typs zu finden, hat sicherlich seine Meriten – und zwar ganz bestimmt für den Fachmann, der an dem Variationsbereich interessiert ist, den dieser Typ aufweisen könnte. Wie viel mehr Beifall kann man jedoch erwarten, wenn man eine bisher völlig unbekannte Spezies oder eine neue Gattung entdeckt.

Die wissenschaftliche Schwierigkeit, legitime Ähnlichkeiten und Unterschiede festzustellen, hat auch die Proliferation der Typen ermutigt. Keine menschliche Population ist – so wenig wie irgendeine tierische oder pflanzliche – absolut einförmig, da Variationen ein universelles Charakteristikum des organischen Lebens sind. Wenn man jedoch nur einen Repräsentanten einer solchen Population zur Verfügung hat, kann es schwierig werden, seinen normalen Variationsbereich festzusetzen, der dann als Maßstab dienen kann, nachdem man andere fossile Kandidaten mit ein- oder ausschließt.

Als Dart zum ersten Mal im Jahre 1925 über den *Australopithecus africanus* berichtete, mußten er und andere aus einem unreifen und unvollständigen Exemplar folgern, wie der Erwachsene dieses neuen Typs ausgesehen haben mag. Unter diesen Umständen wäre es sicherlich nicht leicht, den normalen Bereich festzustellen, den man bei anderen Mitgliedern dieser Gruppe erwarten konnte. Wenn ein solcher Hinweis fehlte, konnte ein zweiter Fund aus der gleichen Population, wenn er nur abweichend genug war, durchaus als zu einem völlig verschiedenen Typ gehörig fehlgedeutet werden. Auch das trug zweifellos zur Schaffung einer Überfülle vermeintlich verschiedener und ungleichartiger Typen bei, die in diesem Stadium der menschlichen Evolution geblüht haben soll. Geschlechtsunterschiede werden ebenfalls manchmal als Unterscheidungen im Typ oder in der Spezies fehlgedeutet, wenn ein Exemplar in zu kärglichen Relikten vorhanden ist, um den Beweis für die Festsetzung derartiger anatomischer Grunddifferenzierungen zu liefern.

Als immer weitere dieser *Australopithecinen* und verwandter Formen auftauchten, wurde es offenkundig, daß die Proliferation der verschiedenen Typen in diesem Stadium der menschlichen Entwicklung zweifellos stark übertrieben worden war. Es wurde jetzt möglich, diese Fossilien in Begriffen der Geschlechtsunterschiede und der normalen Typenvariationen neu zu bewerten. Als Ergebnis davon neigen viele Wissenschaftler heute dazu, nur zwei Typen der *Australopithecinen* anzuerkennen und zwar einen mit der Unterbezeichnung *africanus*, den anderen als *robustus*. Der erstere repräsentiert eine relativ weniger derbe Variante, der letztere einen schwereren, muskulöseren Typ mit einigen typischen Besonderheiten.

Die Unterschiede im Gebiß, die zwischen diesen beiden menschenartigen Primaten bestehen, sind durch Clifford Jolly, Professor der Anthropologie an der Universität New York, und von anderen der Tatsache zugeschrieben worden, daß sich der *Australopithecus robustus* an eine Samenkost anpaßte; diese erforderte die entschieden größeren Molaren, die er entwickelte. Der *Australopithecus africanus* hingegen ernährte sich von Kleinwild sowie von der traditionellen Obstdiät seiner Primatenvorfahren. Er wurde praktisch zu einem Allesfresser, deshalb brauchte er eine andere Bezahnung, die mehr zu der Ahnenreihe des modernen Menschen paßte.

Als Ergebnis der bemerkenswerten Hartnäckigkeit eines seiner Sache durch und durch ergebenen Fossilien-Jägers – Dr. Louis B. Leakey – wurden dann in den 1960er Jahren ein weiterer Fund hinzugefügt. Als Sohn eines englischen, in Kenia ansässigen Arztes hatte Leakey von Kindheit unter dem Einfluß der einheimischen Kultur gestanden und für sie ein starkes Interesse entwickelt. Rückblickend erscheint es daher völlig natürlich, daß er sich während seiner Studienzeit in Cambridge anthropologischen Forschungen widmete.

Als er nach seiner Ausbildung in England nach Kenia zurückkehrte, begann er seine berufliche Laufbahn als Archäologe. Dieses bewußte Tasten in der Vergangenheit öffnete ihm die Augen für die verwandten Probleme des frühen Menschen und seiner Geschichte, der der spätere Teil von Leakeys Laufbahn fast ausschließlich gewidmet war.

Der Ort, dem er ganz besonders seine Aufmerksamkeit schenkte, war die Olduwai-Schlucht in Tanganjika, wo aufeinanderfolgende geologische Schichten exponiert liegen. Geologisch bedeutet das, daß auf Hunderte von Kilometern alte Schichten zur Besichtigung offenliegen, die man sonst nur mit unglaublichen Kosten und übermenschlichen Anstrengungen freilegen könnte. Indem man sie nach Fossilien untersuchte, die zufällig durch die Erosion ihrer Steilufer freigelegt oder an deren Basis herabgespült worden waren, konnte man, wenn man ausdauernd und scharfsichtig genug war, hoffen, Hinweise für weitere Erkundungen und sogar Ausgrabungen zu finden.

Nach einigen Jahren des Einsatzes an Ort und Stelle – diese Arbeit war zu einer Familienaufgabe geworden, an der sich auch Leakeys Frau Mary sowie seine Söhne beteiligten, wurde Leakey im Jahre 1959 durch seine jetzt berühmt gewordene Entdeckung des *Zinj* belohnt. Der *Zinjanthropus boisei* wurde von Mrs. Leakey an seinem ursprünglichen Platz in einer Schicht gefunden, die in der Folge durch die Kalium-Argon-Technik zeitlich auf ein Alter von etwa 1750000 Jahren datiert wurde. In seinen ersten Ankündigungen über den Fund betonte Leakey den deutlich unterschiedenen Charakter des neuen Hominiden, indem er ihm nicht nur einen neuen Gattungsnamen gab, sondern indem er auch die unterscheidenden Punkte zu den anderen frühen afrikanischen Hominiden unterstrich. Der *Zinj* besaß eine besonders massive Schädelstruktur und sogar einen Knochenkamm, der in der Mitte des Schädeldachs von vorn nach rückwärts verlief – ganz offensichtlich die Folge einer außerordentlich starken Entwicklung der Schläfenmuskeln, die die Kaufunktion des Unterkiefers unterstützten. Wenn diese Muskeln so stark entwickelt sind, daß sie den oberen Teil des Schädels bedecken, wo die rechten und die linken Segmente aneinanderstoßen, neigen sie dazu, einen Knochenkamm zu ihrer zusätzlichen Befestigung zu produzieren. Wir können das häufig beim Gorilla feststellen, der mit ähnlich massiven Kaumuskeln ausgestattet ist. Auch in der Bezahnung sowie in anderen Einzelheiten wies der *Zinj* ähnlich große Abweichungen auf, so daß Leakey ermutigt wurde, ihn als einen neuen Typ anzukündigen. Weitere Studien dieses Exemplars führten jedoch dazu, ihn mit dem *Australopithecus,* vielleicht einer lokalen Variante des *robustus,* in Verbindung zu setzen.

Im folgenden Jahr machte man in der gleichen Umgebung noch einen weiteren Fund. Dieses Mal entdeckte man ihn aber in einer etwas tiefer liegenden Schicht und mit einem gemessenen Alter von nahezu zwei Millionen Jahren. Merkwürdigerweise war dieser Hominide – *Homo habilis* –, obwohl er etwas älter war, weit weniger primitiv, er hatte auch ein etwas größeres Gehirn. Weitere Entdeckungen haben jetzt die Gültigkeit des *Homo habilis* als einer völlig verschiedenen Form des frühen Menschen bestätigt, die viel höher entwickelt war als irgendein *Australopithecus*.

Weitere Funde am Rudolfsee, in Omo und an anderen Orten in Ostafrika wie auch in Äthiopien haben den Zeitraum dieser Phase der hominiden Entwicklung von einem Alter von 4 bis 5 Millionen Jahren in das Pliozän hinein und wieder herauf bis vor ungefähr einer Million Jahren ausgedehnt.

Aber noch während ich diese Zeilen schreibe, werden neue Funde an verschiedenen Punkten längs des Großen Grabens in Ostafrika gemeldet, die neue Bewertungen und Schlußfolgerungen nötig machen könnten. Man hat bereits vier oder fünf Forscherteams aufgestellt, um frühe Hominidenrelikte zu bergen und Beweise für die Rekonstruktion der Ökologie zu sammeln, in der diese frühen Hominiden lebten. Bei diesen Forschungen handelt es sich um die am sorgfältigsten durchdachten und am besten vorbereiteten Anstrengungen, die es bisher in der Geschichte der Human-Paläontologie gegeben hat; sie illustrieren eine Entwicklung, die ich bereits erwähnt habe. Tatsächlich erinnern sie ein wenig an einen Goldrausch, auch hier werden Claims abgesteckt, und es zeigt sich mehr als nur ein Hauch von Rivalität.

Diese organisierte Suche hat sich als außerordentlich erfolgreich erwiesen. Allein am Rudolfsee werden, wenn wir die einzelnen verstreuten Zähne mitzählen, während jeder Einsatzsaison Hunderte von Funden gemacht. Da eine vollständige Analyse dieses überreichen Materials noch Jahre erfordern wird, können die augenblicklichen Schlußfolgerungen, die ich erwähnt habe, nur als vorläufig angesehen werden.

Ehe ich jedoch zu weiteren Phasen dieser Geschichte übergehe, sollte ich noch Folgendes erwähnen: Es besteht Grund für die Annahme, daß schon vor zwei Millionen Jahren noch ein weiterer Typ von Hominiden in Ostafrika aufgetreten sein könnte. Dieser hatte ein beträchtlich größeres Gehirn und lebte gleichzeitig mit den zwei Typen von *Australopithecinen*, die jetzt allgemein anerkannt sind. Dieser *Homo habilis*, der von Leakey senior entdeckt wurde, scheint jetzt durch Funde Leakey juniors bestätigt zu sein.

Die Existenz eines höher entwickelten Hominiden, als es die *Australopithecinen* waren, aber mit ihnen in der gleichen Epoche lebend, hat ihre Position als direkter Ahne der Linie, die zum modernen Menschen führt, etwas untergraben. Als Ergebnis davon sehen einige Experten in den *Australopithecinen* jetzt lediglich Seitenäste der Hominidenlinie. Auch andere Möglichkeiten wären denkbar, wie etwa die, daß die *Australopithecinen* zusammen mit fortschrittlicheren Formen aus der gleichen Quelle überlebten. Auch hier wären jedoch erst weitere Beweise nötig.

Kaum waren jedoch die *Australopithecinen* als die frühesten hominiden Vorfahren des modernen Menschen festgestellt worden, als eine Ankündigung von Professor Elwyn S. Simons von der Yale-Universität diese Festlegung im Jahre 1961 ernstlich unterminierte. Sein neuer Kandidat für diese Rolle war der *Ramapithecus brevirostris*, ein Fossil, das etwa dreißig Jahre früher in den Siwalik-Hügeln in Indien aufgefunden worden war. Hier handelte es sich nicht um einen Fall einer neuen Entdeckung, sondern einer fälschlich angenommenen Identität. Die Geschichte dieser Wiederbelebung reicht auf das Jahr 1910 zurück, als Guy Pilgrim, ein Engländer, der in den Siwaliks nach Fossilien suchte, offensichtlich affenartige Knochen entdeckte; sie ähnelten einer ausgestorbenen Gattung, die als *Dryopithecus* bekannt war. Diese Gattung war aus Funden in Europa bereits gut dokumentiert.

Einundzwanzig Jahre später machte sich G. Edward Lewis, der in Yale promoviert hatte, auf den Weg, um diese Fundstätten wieder zu besuchen, die seit Pilgrims Pionierforschungsarbeit vernachlässigt worden waren. Seine Mühe wurde durch eine Reihe von Entdeckungen belohnt, er schrieb darüber im Jahr 1934. Er folgte Pilgrims Beispiel und verwendete die Namen von Hindu-Göttern, Heroen und legendären Gestalten für die Benennung der neuen Gattungen, die er entdeckte. Ein Fossil wurde *Brahmapithecus* benannt, ein weiteres *Ramapithecus*. Als Lewis diesen Typ beschrieb, war er stark von seinen „progressiven" Zügen beeindruckt, so bruchstückhaft das Fossil auch war. Lewis betonte die Möglichkeit, daß es sich bei diesem Fund um einen hominidenartigen Affen oder sogar um einen frühen Hominiden handeln könne. Diese Deutung wurde jedoch von den zeitgenössischen Autoritäten verworfen, und Lewis selbst verfolgte seine Theorie nicht weiter. Als Ergebnis wurde der *Ramapithecus* in der Literatur der Kategorie eines Affen zugeordnet, der höchstwahrscheinlich mit dem wohlbekannten *Dryopithecus* in enger Verbindung stand. Und in dieser Kategorie blieb er auch und wurde von all denen, die so eifrig der Fährte zum Ursprung des Menschen folgten, kaum oder überhaupt nicht beachtet.

Als Simon die Siwalik-Fossilien viele Jahre später studierte, fielen ihm augenblicklich die primitiven hominiden Züge des *Ramapithecus* auf. Gemeinsam mit seinem Kollegen David Pilbeam begann er sogleich mit einer detaillierten Untersuchung der existierenden *Dryopithecinen* und ihrer angeblichen Siwalik-Verwandten. Sie kamen zu dem Schluß, daß der *Brahmapithecus* und der *Ramapithecus* in die gleiche Gruppe gehören und daß sie ein frühes Stadium der hominiden Differenzierung darstellen.

Während die *Australopithecinen* jetzt als Resultat neuer Entdeckungen auf die Zeit vor vier bis fünf Millionen Jahren zurückdatiert wurden, wurde der „wieder eingeführte" hominide

# Diagramm der Entwicklung des Menschen

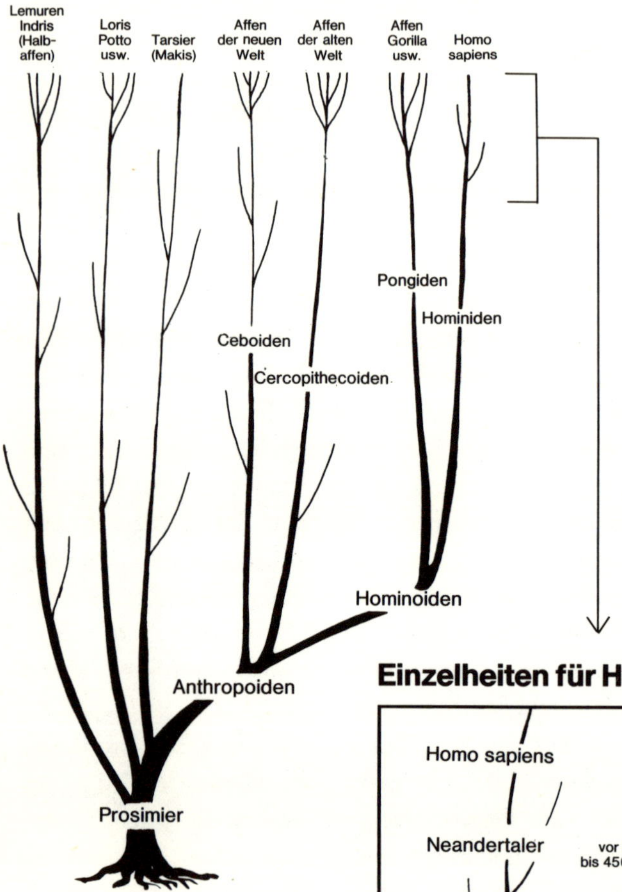


## Einzelheiten für Hominiden

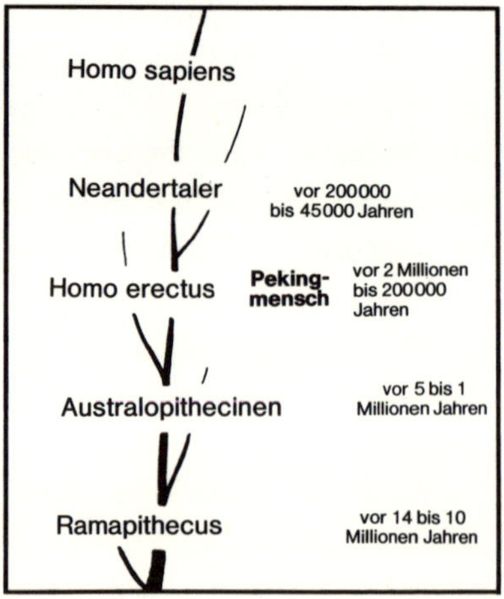


Dieses vereinfachte Diagramm illustriert die Beziehung der Hauptzweige der Primaten zueinander. Die Daten für die verschiedenen Stadien der Hominiden-Entwicklung sind noch sehr unsicher und stellen einen Annäherungswert der heutigen Schätzungen dar.

*Ramapithecus* in das Miozän-Pliozän zurückverlegt, also vor etwa 10 bis 12 Millionen Jahren. Das gibt natürlich der Zeitberechnung in der menschlichen Evolution völlig neue Aspekte; vor hundert Jahren, als die Suche nach dem Ursprung des Menschen begann, hätte man diese für völlig unfaßbar gehalten.

Bei der Bewertung des *Ramapithecus* mußten sich Simons und Pilbeam ganz auf Zahneigenschaften stützen, da das ursprüngliche Fossil lediglich aus einem Bruchstück des Oberkiefers mit einigen der Zähne und einigen Zahnhöhlen bestand. Das mag für eine so gewichtige Entscheidung ein höchst spärliches Beweisstück sein. Die enorme Bedeutung der Bezahnung bei der Herstellung von Beziehungen und bei Gruppierungen von Fossilien kann jedoch nicht genügend betont werden.

Die Zähne sind hier aus zwei Gründen wichtig. Erstens einmal stellen sie die weitaus größte Zahl von Fossilien dar. Sehr häufig werden noch Zähne gefunden, wenn es sonst keine weiteren Skelettreste gibt. Viele Kategorien – und zwar nicht nur bei den Primaten, sondern auch bei anderen Säugetieren und Wirbeltieren im allgemeinen – basieren allein auf dentalen Beweisen. Der Vorteil der Zähne besteht darin, daß sie ganz unterschiedliche und beständige Schemata aufweisen, die äußerst charakteristisch sind. Form, Größe, Wurzelstruktur, Höcker, das Vorhandensein oder das Fehlen von verschiedenen Arten von Zähnen, die Furchen und die Zahnschmelzstruktur sind nur einige der Zahneigenschaften, die sich vereinigen, um eine große Vielfalt von spezialisierten Verbindungen zu bilden

Ein Fachmann hat keinerlei Schwierigkeiten, eine Gattung, ja sogar eine Spezies an den Eigenschaften ihrer Zähne zu identifizieren. Wenn man die Bezahnung der Primaten untersucht. wird es sehr schnell offenkundig, daß sie als zoologische Ordnung eine völlig eigene, von anderen völlig verschiedene Entwicklungslinie aufweisen, obwohl gewisse Ähnlichkeiten zwischen den frühen Primaten und anderen primitiven Säugetieren bestehen. Als sich jedoch die Primaten entwickelten, bildeten sie auch Zahn-Differenzierungen aus, die für jede Unterabteilung charakteristisch sind. Beispielsweise ist in der Hominidenlinie der vorspringende Eckzahn, der bei allen Menschenaffen und sonstigen Affen stark in Erscheinung tritt, in der Größe so stark reduziert, daß er sich kaum, wenn überhaupt über das Niveau der anderen Zähne erhebt. Diese Reduzierung hat beim Menschen das Bedürfnis nach dem Diastema genannten Platz oder der Lücke beseitigt, in die sich die vorstehenden Eckzähne einfügen können, wenn das Gebiß geschlossen ist. Beim Menschen stehen die Schneidezähne eher senkrecht als etwa nach vorn. Die Molare, die bei den Affen länger als breit sind, sind hier breiter als lang. Außerdem besteht, wie ich bereits erwähnt habe, die – bei den späteren Menschen voll entwickelte – Tendenz, daß die Molare vom ersten bis zum dritten an Größe abnehmen, also gerade umgekehrt wie bei den Affen und einigen anderen Primaten. Mehr noch, die Schemata der Höcker und die Zahl und die Verwachsung der Wurzeln der Molare und Prämolare haben beim Menschen ganz bestimmte Formen, die sich deutlich von denen aller anderen Primaten unterscheiden.

Die Bezahnung des *Ramapithecus* – so viel davon noch vorhanden ist – zeigt Züge, die man bei einem entstehenden Hominiden erwarten könnte. Der Eckzahn ist bereits reduziert und die Form der Molare ist mehr hominid als affenartig. Deswegen ist die Form des Zahnbogens – statt mehr oder weniger parallele Seiten zu besitzen wie bei den Affen – parabolisch und ähnelt so der Kurvung, die wir bei den Hominiden finden. Nach der Größe der Kiefer zu schließen, war der *Ramapithecus* ziemlich klein und besaß eine verkleinerte Schnauze.

Zu einem gewissen Zeitpunkt neigte Simons zu dem Standpunkt, daß der *Ramapithecus* aufrecht gegangen sei. Diese letzte Schlußfolgerung bräuchte aber, wenn sie auch wahrscheinlich richtig ist, noch mehr stützende Beweise.

Im Verlauf dieser Untersuchungen wurde demonstriert, daß

die Trennung des *Ramapithecus* und des *Brahmapithecus* in verschiedene Kategorien nicht gerechtfertigt war, sie gehörten vielmehr zusammen. Der Unterkiefer, der den *Brahmapithecus* repräsentiert, paßt genau in den Oberkiefer des *Ramapithecus*. Diese dramatische Rekonstruktion des *Ramapithecus* führte Simons und Pilbeam ganz unvermeidlich dazu, andere Fossilien neu zu bewerten, die in diesem neuen Licht vielleicht bisher dunkle Beziehungen preisgaben. Einer ihrer jetzt allgemein anerkannten Schlüsse war der, daß der *Ramapithecus* oder ein mit ihm eng verwandter Typ in einer noch älteren Periode des Miozän, vor 12 1/2 bis 14 Millionen Jahren auch in Afrika gelebt habe. Dieser Verwandte war der *Kenyapithecus*, den Leakey entdeckt hat. Das deutete natürlich auf eine weite Verbreitung dieses frühen Hominiden. Dabei bleibt lediglich noch die Frage offen, die schon seit Darwins Zeiten diskutiert wurde: wo hatte die menschliche Linie ihren Ursprung – in Asien oder Afrika?

Wenn der *Ramapithecus* und der *Australopithecus* die Anfangsstadien des hominiden Bereichs repräsentieren, was kann dann als sein „mittleres Reich“ identifiziert werden? Im Augenblick bezeichnet man diese Zwischenphase mit *Homo erectus*, eine etwas fragwürdige Benennung. Ein Gruppenname dieser Art deutet darauf hin, daß sich die aufrechte Haltung nur langsam entwickelt habe und erst in diesem relativ späten Stadium der hominiden Evolution erreicht worden sei. Tatsächlich war schon der frühere *Australopithecus* an die aufrechte Haltung angepaßt, und der *Homo erectus* hatte seine Gangart schon von diesen Ahnenformen geerbt.

Aus den Skelettresten ist natürlich ersichtlich, daß der *Homo erectus* in dieser Anpassung große Fortschritte gemacht und ein Niveau erreicht hatte, das sich von dem modernen Menschen nicht mehr allzuviel unterschied.

Die Kategorie des *Homo erectus*, die ungefähr von einer Million von Jahren bis etwa zwischen 200 000 bis 300 000 reicht, umfaßt eine Anzahl fossiler Formen aus verschiedenen Teilen der Alten Welt, Afrika, Asien und Europa. Zu den bekannteren unter ihnen gehören der Heidelberger Kiefer, die *Pithecanthropus*-Serie, der Ternifine- und der Lantianschädel. Das ist die Gruppe, in die auch der *Sinanthropus* eingeordnet wurde. Einer der auffallendsten Züge des *Homo erectus* ist eine sehr bezeichnende Zunahme der Gehirngröße. Obwohl dieses Stadium der menschlichen Entwicklung nur einen Bruchteil der Zeitspanne umfaßte, der den *Australopithecinen* zugeteilt war, hat sich die Gehirnkapazität des *Homo erectus* fast verdoppelt. Der *Pithecanthropus,* ein weiterer Angehöriger dieser Gruppe, der vor etwa 600 000 bis 700 000 Jahren lebte, hatte eine Gehirnkapazität von etwa 790 Kubikzentimeter, der *Sinanthropus,* der ihm etwa 100 000 Jahre später folgte, hatte bereits einen Durchschnitt von 1100 Kubikzentimetern erreicht, eine Zahl, die sich schon dem Mindestdurchschnitt für einen kleinhirnigen modernen *Homo sapiens* näherte. Natürlich ist es gefährlich, die Intelligenz zu eng mit der Gehirngröße in Beziehung zu setzen – besonders wenn man es mit der normalen Variation innerhalb einer Gruppe zu tun hat.

Obwohl Anatole France eine Gehirnkapazität von nur wenig mehr als 1100 Kubikzentimeter gehabt haben soll und Hindenburg eine solche von 1800 Kubikzentimetern, war Anatole France sicherlich nicht minder intelligent. In der Entwicklungsgeschichte der Hominiden weist diese Eigenschaft jedoch eine stetige progressive Zunahme auf. Hinzu kommen die Beweise einer parallelen Entwicklung der Fähigkeiten, die an der menschlichen Technologie, der Sprache und anderen Zügen abgelesen werden kann. Wir dürfen deshalb den Schluß ziehen, daß, ganz allgemein gesprochen, das Wachstum des Gehirns in der hominiden Entwicklung ein Hinweis auf eine wachsende Intelligenz ist. Die Technik der Steinbearbeitung, die der *Homo erectus* hinterließ, ist noch nicht so bemerkenswert etwa hoch entwickelter mechanischer Verbesserungen oder spezialisierter

Methoden wegen, wie wir sie im Bereich der Werkzeuge sehen können, die von den Menschen des Oberen Paläolithikums benutzt wurden. Deshalb bietet wohl der Erwerb der Sprache in diesem Stadium der menschlichen Entwicklung die wahrscheinlichste Erklärung für das ganz plötzliche Anwachsen der Gehirngröße, die bereits für die frühen Hominiden charakteristisch ist.

Wenn wir den *Sinanthropus* im Licht seiner Vorläufer betrachten, die uns jetzt bekannt sind, gewinnt er einen ganz anderen Aspekt als den, den er zur Zeit seiner Entdeckung und seines ersten Bekanntwerdens der wissenschaftlichen Welt bot. Damals, als ihm zeitlich nur der *Pithecanthropus* voranging, erschien der *Sinanthropus* den Wissenschaftlern als ein ganz entschieden primitiver Menschentyp – genau so, wie der Neandertaler etwa sechzig Jahre früher den Zeitgenossen Darwins fast affenartig erschienen war. Jetzt aber, nachdem der *Australopithecus* und möglicherweise sogar der *Ramapithecus* als neue Maßstäbe gelten können, dürfen wir den *Sinanthropus* in der menschlichen Entwicklungsreihe bereits als einen ziemlich fortgeschritenen Typ neu einstufen. Er hatte eine Stufe kurz unterhalb des *Homo sapiens* erreicht. Er ging aufrecht und verfügte bereits über eine gut entwickelte Technologie, er kannte und verwendete das Feuer und lebte in einer Jäger-Sammler-Gesellschaft, die nicht so verschiedenartig war, daß sie dem modernen Menschen in der gleichen Wirtschaftsentwicklung völlig unvertraut gewesen wäre. Er sprach sehr wahrscheinlich eine Sprache und konnte sich genau so mitteilen wie wir selbst; seine Gehirngröße lag nur ganz wenig unter der Minimalebene des *Homo sapiens.*

Auf den *Homo erectus* und den Pekingmenschen folgend, gibt es mehrere Kandidaten für ein Übergangsstadium, ehe die Stufe erreicht wurde, die definitiv als *Homo sapiens* bezeichnet werden kann. Eine davon ist der wohlbekannte Neandertaler. Manchmal wird dieser Typ in den „klassischen“ und in den

„progressiven“ Neandertaler unterteilt. Paradoxerweise geht im europäischen Rahmen der progressive Neandertaler dem „klassischen“ zeitlich voran. Ein dritter Typ, der hierher gehört, ist der Swanscombe-Mensch. Hier handelt es sich um eine etwas verwickelte Situation, die ich zu klären versuchen werde, indem ich mich dem historischen Hintergrund zuwende. Die Angelegenheit hat zu einer Vielzahl von Meinungen geführt, die manchmal mit einer gewissen Hitze vertreten werden.

Wie ich bereits erwähnt habe, war der Neandertaler der erste Prä-*Homo sapiens*-Typ, der erkannt wurde. In den 1860er Jahren hatten die Funde des Gibraltarmenschen und des Neandertalers gezeigt, daß auch der Mensch, genau so wie jeder andere Organismus, Spuren seiner Entwicklung zurückgelassen hat. Da diese beiden Bruchstücke alles waren, das man kannte, und da sie einen sichtlich primitiveren Typ als der *Homo sapiens* repräsentierten, und weil ein weiterer Bereich menschlicher Vorläufer nicht vorhanden war, wurden ihre Unterschiede überstark betont – zum Teil, wie ich vermute, als natürliche Folge des begrenzten Materials, aber auch, weil diese Fossilien Trumpfkarten waren und um so wirksamer ausgespielt werden konnten, je mehr man ihre affenartigen Eigenschaften betonte. Der schwere Überaugenwulst, der kinnlose Kiefer und die fliehende Stirn deuteten auf eine affenartige Form, wenn man sie mit dem modernen Menschen verglich.

Wenn man den Neandertaler andererseits echten Affen gegenüberstellte, schien er dem modernen *Homo sapiens* sehr viel näherzustehen. Der Schädel hatte sich zu modernen Maßen – und sogar darüber hinaus erweitert, das Gesicht hatte seinen schnauzenartigen Charakter verloren. Die Nase war zwar nicht gerade adlerartig, aber sie trat schon ebenso weit hervor wie bei vielen heutigen Menschen.

Als dann weitere Fossilien aufgefunden wurden und den Zeitraum der menschlichen Entwicklung verlängerten, entbrannte zu Beginn des zwanzigsten Jahrhunderts eine lebhafte Kontroverse, ob der „klassische“ Neandertaler ein Ahne des *Homo sapiens* gewesen sein könnte oder nicht. Für viele Fachleute schienen die „primitiven“ und affenartigen Charakteristika des Neandertalers – obwohl sie ganz klar auf eine Entwicklungsphase hinwiesen, die die hominide Reihe durchschritten haben mußte – trotzdem dafür zu sprechen, daß er nicht unser unmittelbarer Vorläufer gewesen sein kann. Einige Wissenschaftler brachten sogar die Theorie vor, bei dem Neandertaler handle es sich um eine spezialisierte Form, die als ausgestorbener Sproß des Hauptstamms geendet hat.

Eine der Hauptschwierigkeiten für die Verfechter der Linie Neandertaler – *Homo sapiens*, entstand aus den zuverlässigeren Datierungstechniken, die den *Homo sapiens* unmittelbar auf den Neandertaler (in der europäischen archäologischen Sequenz) folgen ließen; Spuren eines Übergangsstadiums waren nicht vorhanden.

Der Neandertaler ist eng mit einer genau definierten Kultur identifiziert, die als Moustérien bekannt ist. Benannt ist sie nach einer der klassischen Fundstätten. Diese Kultur blühte vor etwa 40 000 Jahren und wurde unmittelbar durch das Obere Paläolithikum mit einer ganz deutlich verschiedenen und viel fortgeschritteneren Technologie und mit Beweisen eines künstlerischen Ausdrucks von sehr hohem Grad ersetzt. Der Schöpfer dieser Kultur des Oberen Paläolithikums war der *Homo sapiens*. Da die evolutionäre Entwicklung relativ langsam vor sich geht, scheint einfach nicht die Zeit vorhanden gewesen zu sein, die die Umwandlung eines Neandertalertyps in den des *Homo sapiens* erfordert hätte. Die technologischen Unterschiede zwischen den beiden Kulturen sind in diesen Auseinandersetzungen nie besonders betont, weil ja diese Attribute des Menschen für die Aufspürung einer evolutionären Sequenz weniger zuverlässig sind.

Diese mangelnde Übereinstimmung hinsichtlich der genauen Beziehung des Neandertalers zum *Homo sapiens* wurde im ersten Teil unseres Jahrhunderts noch weiter kompliziert. Im Jahre 1935 wurde der Swanscombe-Mensch in England ausgegraben; bald darauf entdeckte man in Deutschland den Steinheim-Schädel. Obwohl es hinsichtlich der Datierung unterschiedliche Meinungen gibt, stehen beide in der europäischen Chronologie sichtlich weiter zurück als der Neandertaler, sie dürften zwischen 200 000 und 300 000 Jahre alt sein. In der allgemeinen Ausbildung des Schädels stehen beide dem *Homo sapiens* jedoch viel näher als der „klassische" Neandertaler. Unglücklicherweise sind diese Schädel nicht vollständig, sie weisen aber ganz deutlich einige der Unterschiede auf, die man von einer Übergangsform erwarten darf.

Etwa um die gleiche Zeit lieferte eine weitere Fundreihe, die durch den Ehringsdorf-Schädel vertreten wurde, der wissenschaftlichen Welt nochmals einen anderen Typ. Der Ehringsdorf-Schädel ist auf die letzte Zwischeneiszeit, also die Zeit vor etwa 150 000 Jahren, datiert worden und weist einige typische Neandertaler-Charakteristika – beispielsweise den schweren Überaugenwulst – auf, er stand aber dem modernen Menschen andererseits viel näher als der sogenannte „klassische" Neandertaler. Auf diesen früheren – aber bereits fortgeschritteneren neandertaloiden Typ bezog man sich daher häufig als auf den „progressiven" Neandertaler.

Schließlich wurde die ganze Sache noch komplizierter. Bei einer archäologischen Ausgrabung in einer Gruppe von Höhlen in Palästina stieß ein britisches Forscherteam, das unter der Leitung von Miss Dorothy Garrod stand, auf zwei Reihen von Schädeln. Die eine Gruppe wurde in einer als Skhul bekannten Höhle entdeckt, die zweite fand man in einer nahen Höhle mit dem Namen El Tabun.

Die Verantwortung für das Zusammensetzen und das Studium des Materials wurde Sir Arthur Keith, dem damaligen führenden britischen Experten für den fossilen Menschen übergeben. Sein Assistent war sein junger amerikanischer Schüler, Theo-

dore D. McCown. Der erste Bericht identifizierte die Population im wesentlichen als Neandertaler; allerdings wiesen eine Anzahl von Individuen interessante Zwischenstufen zwischen diesem Typ und dem modernen Menschen auf. Keith bot dafür zwei Lösungen an. Die eine besagte, daß die Fossilien ein Gebiet und eine Zeit repräsentieren (die bisher einzige, von der man weiß), die einen Kontakt zwischen den zwei Typen und infolgedessen auch einen gewissen Grad von Vermischung erlaubten. Die andere ging dahin, daß es sich hier um ein Segment der Neandertaler-Population handle, die in dem Prozeß der evolutionären Wandlung überrascht worden ist.
In der Folge wurde jedoch festgestellt, daß die beiden Höhlen keineswegs aus der gleichen Zeit stammten und daß deshalb die Populationen zeitlich verschieden anzusetzen waren. Wie es sich herausstellte, war die El Tabun-Höhle um 10 000 Jahre älter. Skhul hingegen enthielt die Reste von jüngeren und mehr *sapiens*artigen Fossilien. Allerdings bleibt weiterhin die Frage offen, ob die Skhulreihe eine natürliche evolutionäre Veränderung repräsentiert oder aber, ob sie das Resultat einer Vermischung einer frühen Neandertaler-Population und einer eindringenden Blutslinie des *Homo sapiens* ist.
Heute besteht eine wachsende Tendenz, die Unterschiede zwischen dem klassischen Neandertaler und dem modernen Menschen zu verringern und den *Homo sapiens* direkt von dem Neandertaler abstammen zu lassen. Das Material aus den Höhlen in Palästina scheint diese Vorstellung noch weiter zu stützen. Wenn man aber einen der klassischen Neandertalerschädel untersucht, die heute in reichlicher Zahl vorhanden sind, kann man sich der Überzeugung nicht verschließen, daß seine grundsätzliche anatomische Form eine vergrößerte und entwickelte Version des *Homo erectus*-Schädels ist. Wie beim *Homo erectus* finden wir die haarknotenförmige Ausbuchtung am Hinterhaupt, den schweren Überaugenwulst und die relativ abgeflachte Krone, die von rückwärts ein Profil ähnlich dem eines

Walmdachs bietet. Seine größte Breite liegt tief, gerade oberhalb der Ohren, das Fehlen eines vorspringenden Kinns ist für ihn typisch. Wenn man den Schädel eines Neandertalers und den eines *Homo sapiens* nebeneinanderlegt, tritt der Kontrast augenblicklich zutage und ist unverkennbar. Der moderne Mensch hat ein morphologisches Schema, in dem die Brauenwulste nur in Spuren (diese Spuren zeigen sich gewöhnlich nur beim Mann) vorhanden sind; die Stirn ist voll und hoch, das Schädeldach sichtlich erhoben, der Schädel erreicht seine größte Breite weit oberhalb der Ohren und endlich tritt auch das Kinn vor. Das sind nur einige der sichtbaren Merkmale, die den modernen Menschen von seinem Neandertaler-Vorläufer unterscheiden. Aus diesem Grund finde ich es sehr schwierig, eine evolutionäre Verwandlung in der kurzen Zeitspanne zu akzeptieren, die die Neandertaler- und die *Homo sapiens*-Populationen in der europäischen Chronologie voneinander trennen; ich habe im Gegenteil die starke Vermutung, daß der Neandertaler-Typ das Überleben eines Stadiums repräsentiert, das dem modernen Menschen voranging.

An diesem Zeitpunkt unserer Rekonstruktion der menschlichen Entwicklung stehen wir vor einer Vielzahl von Stücken des Puzzlespiels und besitzen keinen klaren Hinweis, wie wir diese Stücke einordnen können. Meine eigene Auslegung – ich gebe zu, daß sie rein spekulativ ist wie alle anderen vorgeschlagenen Lösungen – läßt sich wie folgt zusammenfassen:

Zwei Faktoren, die bei den Versuchen, Verwandtschaften und Verbindungen zwischen den verschiedenen Typen herzustellen, oft übersehen werden, sind die inhärente Tendenz aller Organismen, einschließlich des Menschen, verschiedene Varianten zu entwickeln, und die Tatsache, daß sich diese im Verlauf von Jahrtausenden, ja von Hunderttausenden von Jahren in verschiedenen Wanderschemata bewegen.

Wenn heute ein weiter Bereich menschlicher Typen existiert, so spiegelt sich darin diese Wandelbarkeit. Selbst eine relativ homogene Population, die in isolierte Gemeinden aufgeteilt ist, wird, wenn sie nur genügend Zeit dazu hat, genetische Unterschiede entwickeln. L. L. Cavalli-Sforza hat das in einer neuen Untersuchung einer derartigen Reihe von isolierten Gemeinden in einem italienischen Tal nachgewiesen, und andere Untersuchungen haben das gleiche Phänomen gezeigt.

Wenn wir den riesigen geographischen Bereich der heutigen Menschheit in Rechnung stellen, sowie die Tatsache, daß viele menschliche Populationen Jahrtausende hindurch praktisch voneinander getrennt waren, ja nicht einmal etwas von ihrer wechselseitigen Existenz wußten, wird es leicht verständlich, daß es zu solchen Differenzierungen gekommen ist. So stehen beispielsweise die australischen Ureinwohner mit ihren relativ primitiven anatomischen Zügen in einem bezeichnenden Gegensatz zu den mongoloiden Chinesen oder den Europäern.

Ähnlich würde es allen biologischen Erwartungen widersprechen, sich vorzustellen, daß die Menschheit in vergangenen Stadien ihrer Evolution über ihre gesamte geographische Verbreitung hinweg uniform gewesen sei. Damals muß wie heute eine Vielzahl von Typen vorhanden gewesen sein, von denen die einen mehr progressive oder adaptive Veränderungen aufweisen als andere, die aus irgendeinem Grund relativ konservativ geblieben sind. Während so die evolutionären Veränderungen zum *Homo sapiens* hin sich bei einigen Populationen in einem schnelleren Tempo entwickelten, bewahrten andere das ältere *Homo erectus*-Schema – natürlich mit einigen Modifizierungen. Der Neandertaler könnte einer von diesen gewesen sein. Ähnliche können wir in den zeitgenössischen Fossilien des Solo-Menschen feststellen, der auf Java gefunden wurde, sowie beim Rhodesienmenschen aus Afrika.

Tatsächlich liefern uns die Fossilienfunde den Beweis, daß die Veränderung in Richtung *Homo sapiens* bereits in der frühen Zeit des Swanscombe-Menschen, also vor etwa 200 000 Jahren, in vollem Gange war, sehr wahrscheinlich auch bei dem Stein-

heim-Menschen, also bei zwei Typen, die dem Neandertaler um mindestens hunderttausende von Jahren vorausgingen.
Ein weiteres Beweisstück, das die Auffassung von einem früheren Übergang zum *Homo sapiens* als in dem klassischen Neandertalerstadium stützt, ist der Fontechevade-Schädel, der in Frankreich gefunden wurde und auf die letzte Zwischeneiszeit zu datieren ist, also 100 000 bis 150 000 Jahre zurück. Schließlich ist auch der progressive Neandertaler, der durch den Ehringsdorf-Schädel und andere Fossilien repräsentiert wird, erheblich älter als die klassische europäische Neandertaler-Population.
Zur Frage steht also die eigenartige Sequenz, daß der Neandertaler unmittelbar vor dem Auftauchen des *Homo sapiens* ganz Europa besetzt hielt und daß er dann praktisch vom Antlitz der Erde verschwand. Natürlich können wir nicht alle Fragen beantworten, die diese Umstände aufwerfen. Mir ist jedoch eine Lösung eingefallen, die doch eine vernünftige Erklärung bieten könnte. Es handelt sich dabei um mehrere dynamische Faktoren der kulturellen Anpassung des Menschen, um sich verlagernde Klimazonen und Massenwanderungen. Erstens einmal scheint die Periode, in der der klassische Neandertaler Europa besetzt hatte, nach den vorliegenden Daten mehr oder weniger auf die Würm-Eiszeit begrenzt gewesen zu sein.
Europa unterhalb des Gletscherrandes war damals kalt und tundraartig, es ähnelte Teilen des heutigen Sibirien. Es hatte eine unterschiedliche Fauna, die seinen menschlichen Bewohnern zweifellos Nahrung lieferte. In einem gewissen Sinn konnte man Europa als eine Art Fluchtraum ansehen, wenn auch als einen, der nur durch ein Volk ausgebeutet werden konnte, das sich seinen Härten und seinen Schwierigkeiten völlig angepaßt hatte.
Genauso, wie heutzutage keine Population mit einer einfachen Kultur in der subarktischen Region ohne spezielle technologische und kulturelle Anpassungen überleben könnte, muß Europa

damals für jede Population, die nicht an seine Erfordernisse gewöhnt und in deren Ausbeutung geschickt war, gleich ungastlich gewesen sein. Der Neandertaler hatte sich anscheinend den klimatischen Bedingungen angepaßt, weil er hier lebte.

Der *Homo sapiens* trat auf und ersetzte den klassischen Neandertaler während einer Zwischeneiszeit, als sich die klimatischen Bedingungen verbessert hatten und die Umwelt für ein Volk, das an eine gemäßigtere Zone gewöhnt war, gastlicher und einladender geworden war. Diese Verdrängung hätte durch Gewalt erreicht werden können – oder aber ganz einfach dadurch, daß die Neandertaler-Population durch Vermischung absorbiert wurde, eine Erklärung, die C. Coon bevorzugt hat.

Vielleicht hat sich auch die Mehrheit der Neandertaler-Population einfach zurückgezogen und ist der zurückweichenden Umwelt gefolgt, als sie sich nach Norden und Osten bewegte. So wissen wir zum Beispiel, daß kulturelle Spuren der Moustérien-Technologie, mit der die Neandertaler in enger Verbindung stehen, in viel jüngeren Zeiten im asiatischen Rußland aufgefunden worden sind, wo immer noch tundraartige Bedingungen weiterbestanden, nachdem sie in Westeuropa längst verschwunden waren. Aus der Geschichte der Menschheit wissen wir viele Beispiele dafür, daß sich ganze Populationen mit ihrer Umgebung weiterbewegten, wenn sie mit einem wechselnden Klima wanderten. Diese Verbindung ist auch nicht nur auf menschliche Gruppen beschränkt. Bei Tieren ist sie ebenfalls sehr wohl bekannt.

Diese pulsierenden Wanderungen können auch das Auftauchen des Swanscombe-Menschen in Europa während der zweiten Zwischeneiszeit und das des Ehringsdorf- und anderer progressiver Neandertaler in der dritten Zwischeneiszeit erklären. Auch sie sind während der warmen Phase des Pleistozän in Europa eingedrungen und haben sich wieder zurückgezogen, als die Eiszeiten zurückkehrten und die gesamte Ökologie des Kontinents veränderten.

Schließlich neige ich – angesichts der zur Verfügung stehenden Beweise und der Wahrscheinlichkeiten, auf die diese deuten – zu der Auffassung, daß sich der tatsächliche Übergang zum *Homo sapiens* außerhalb von Europa vollzogen haben könnte. Wenn unsere Jäger- und Sammler-Ahnen aus dem Paläolithikum genauso gut an ihre Umwelt angepaßt waren wie ihre Nachkommen, könnten wir erwarten, daß sie ebenfalls den Veränderungen des Klimas folgten sowie den Wanderungen der mit ihnen assoziierten Fauna und Flora, von der sie ja abhingen. Die Umstellung auf eine andere Nahrung als die, an die wir gewöhnt sind, hat sich immer als eine wirklich schwierige Angelegenheit erwiesen. Selbst heute lehnen die dem Hungertod nahen Reisesser in Indien den Weizen ab oder nehmen ihn nur mit dem größten Zögern an.

Aus den geologischen Unterlagen ist es auch immer deutlicher geworden, daß sich beim Vordringen der Eiszeiten in Europa, genauso wie in den anderen Teilen der nördlichen Hemisphäre, die verschiedenen Klimazonen entsprechend nach Süden bewegten. So wäre das Band gemäßigten Klimas, das jetzt wie in früheren Zwischeneiszeiten für Europa charakteristisch ist, mit dem Beginn der Vergletscherung verschoben worden und hätte in Nordafrika oder sogar in der Sahara geendet, in Gebieten, die jetzt Zonen der wachsenden Trockenheit mit weiten Strekken trostloser und ungastlicher Wüsten geworden sind. An den Höhepunkten der Eiszeit könnten diese Regionen, die dann weit gemäßigter und für eine menschliche Besiedlung viel besser geeignet waren, sehr wohl die geeignete Umgebung für den sich entwickelnden *Homo sapiens* gebildet haben.

Im Verlauf der vielen Jahrtausende jedoch, bis sich diese Klimazone wieder nach Norden bewegte, wäre sicher hinreichend Zeit für die Umwandlung zum modernen Menschen geblieben. Als dann der *Homo sapiens* mit dem Ende der letzten Eiszeit mit den sich verlagernden Zonen nach Europa zurückkehrte, hat er dann die Beweise für diese Entwicklung hinter sich ge-

lassen; wir müssen also anderswo und nicht in Europa nach diesen letzten Stufen der Umwandlung suchen.
In der Geschichte der Entdeckung der fossilen Vergangenheit des Menschen ist es bezeichnend, daß wenigstens ein Einblick – und zwar der, mit dem alles begann – unvermindert erhalten geblieben ist. Es ist die Überzeugung, daß sich die menschliche Linie aus einem Primatenahnen entwickelt hat. Nichts ist ans Tageslicht gefördert worden, das diese Schlußfolgerung auch nur im mindesten erschüttert hätte. Und dieses Grundprinzip wurde – obwohl das in der gesamten Literatur der Human-Paläontologie kaum erwähnt wird – nicht aus irgendwelchem fossilen Material abgeleitet, sondern aus den Beweisen, die die vergleichende Anatomie und die systematische Zoologie erbracht haben.
Es war Linné oder Linnaeus, der schwedische Botaniker und Systematiker, der den Menschen zum ersten Mal mit den Primaten in Verbindung brachte. In seiner monumentalen Abhandlung „Systema Naturae", die im Jahre 1732 veröffentlicht wurde, sammelte er die gesamte umfassende Literatur über die Variationen des Tier- und des Pflanzenlebens und organisierte sie in Klassensysteme, die auf strukturellen Ähnlichkeiten beruhten.
Praktisch verwenden alle Völker ein System, um die Variationen des Pflanzen- und Tierlebens zu identifizieren. In einigen Fällen ist das Erkennen von Typen und Gruppen außerordentlich artifiziell. So haben beispielsweise die Polynesier nicht nur spezielle Namen für die verschiedenen Fischgattungen, die die Gewässer rings um ihre Inseln bewohnen, sie besitzen auch eine Namensgebung, die die aufeinanderfolgenden Stadien in dem Lebenszyklus dieser Geschöpfe differenziert. Zum Teil hat das seinen Grund darin, daß gewisse Fische, die in einer Entwicklungsphase einen sehr begehrenswerten Fang darstellen, in anderen Phasen giftig oder auf jeden Fall nicht genießbar sind. Weil zudem die Abhängigkeit vieler dieser

Inselbewohner vom Leben der Meerestiere sehr wesentlich ist, besteht bei ihnen ein natürliches Interesse an jeder Variation, die sie erkennen können.

Diese Mittel der Namensgebung sind jedoch, so wichtig sie auch für die Identifizierung und die Kommunikation sein mögen, nicht viel mehr als Beziehungspunkte. Die Organisation aller Lebensformen in ihrer fast unendlichen Verschiedenartigkeit in ein System der Beziehungen, das auf einem gesunden und beständigen anatomischen und physiologischen Maßstab der Ähnlichkeiten und der Unterschiede basiert, war in der Geschichte der Menschen nie zuvor erreicht worden. Die Griechen hatten zwar einige Anfänge in dieser Richtung gemacht, sie waren dabei jedoch nicht sehr weit gekommen. Andere Versuche wurden durch die inkonsequente Verwendung anatomischer Kriterien fehlerhaft. Ein offensichtliches und wohl bekanntes Beispiel dafür ist der Wal. Weil er im Meer lebt und wie ein Fisch schwimmt, wurde er auch für einen Fisch gehalten – bis die moderne Systematik feststellte, daß er in den Bereich der Säugetiere gehört.

Der Zweig der Biologie, der sich mit der systematischen Klassifizierung von Organismen befaßt, verdankt seine Entwicklung zu einem großen Teil den Anregungen, die das Zeitalter der Entdeckungen gebracht hat. Vor dem fünfzehnten Jahrhundert hatten Biologie und Zoologie, genau wie die meisten Wissenschaften, sozusagen in tiefem Schlaf gelegen. Einige der Anfänge einer Wissenschaft der Systematik, die die Griechen und ihre Vorgänger in Asien und Ägypten eingeleitet hatten, waren gleichsam in einen Satz traditioneller Dogmen eingefroren worden, während man andere im Verlauf des Mittelalters ignoriert und vergessen hatte. Die Medizin, die Astronomie, die Physik und die Chemie wurden mit einem Mal wieder Gegenstände des aktiven Interesses und der Forschung; auf dem Gebiet der Zoologie blieb man jedoch mehr oder weniger untätig.

Als die europäischen Entdecker dann in bisher unbekannte Regionen der Erde vordrangen, brachten sie als Beute alle Arten von Sammlungen mit sich zurück, die für die fremden Länder und Völker, die sie kennengelernt hatten, repräsentativ waren. Einige der schönsten Schätze dieser fremden Kulturen wurden nach Spanien, Portugal und etwas später nach Frankreich und England geschafft. Einige wurden auch dem Vatikan zum Geschenk gemacht. Die meisten Gegenstände aus Gold und anderen Edelmetallen wurden rasch zu Münzen oder zu anderen Verwendungen umgeschmolzen. Der Verlust beispielsweise einiger der schönsten Kunstwerke der Inka und der aztekischen Kultur läßt die Archäologen und die Liebhaber der primitiven Kunst heute noch immer erschauern.

Zusammen mit diesen kulturellen Merkwürdigkeiten kamen auch Sammlungen von Pflanzen und Tieren genau so wie andere Proben der fremden Ökologien. Viele, wenn nicht die meisten, waren den europäischen Fachleuten unbekannt. Als sich diese Dinge anhäuften, regten sie ganz natürlich ein Interesse an den Ähnlichkeiten und Unterschieden zur bekannten Flora und Fauna an. Eine Art Organisation oder ein Arrangement war nötig, wenn die befremdende und faszinierende Kompliziertheit, ihre offenkundigen Ähnlichkeiten und ihre verwirrenden Unterschiede überhaupt einen Sinn ergeben sollten.

Während des sechzehnten, des siebzehnten und weit hinein ins achtzehnte Jahrhundert befaßte sich ein sehr großer Teil der biologischen Forschungen in den europäischen Zentren der Lehre und der Wissenschaft mit eben diesen Problemen. In vielen dieser Studienstätten bildeten diese Dinge die dominierenden Ziele der Forschung. Als das Interesse und auch das Wissen wuchsen, wurde es für ihrer Sache ergebene Wissenschaftler dann allgemein üblich, speziell Reisen in damals noch weit entlegene und unbekannte Gegenden der Welt zu unternehmen. Dort suchten sie nach weiterem Material oder nach den Hinweisen, die die Entdecker bei der beiläufigen und ungeschulten Art ihres Sammelns nicht erkannt und als Folge davon natürlich übersehen hatten.

Zur Zeit von Kapitän Cook war es bei großen Forschungsexpeditionen bereits zur Gewohnheit geworden, zoologische Fachleute mitzunehmen, die Sammlungen mit der Akkuratesse zusammentrugen, die die Wissenschaft jetzt erforderte. Cook selbst wurde von dem deutschen Botaniker Forster begleitet. Auf der Kreuzfahrt der „Beagle" nahm man Darwin zu dem gleichen Zweck mit; die Resultate, zu denen das führte, sind allgemein bekannt. Die Liste ist lang und nennt eine Reihe ausgezeichneter Namen, die häufig durch die wissenschaftliche Namensgebung ihrer Entdeckungen unsterblich geworden sind.

Ich habe bereits erwähnt, daß Linné einen der ersten Versuche unternommen hat, alle Lebensformen in ein organisiertes System einzuordnen. Mit all ihren Modifizierungen, Verfeinerungen, Unterteilungen und unvermeidlichen Korrekturen ist „Systema Naturae" ein grundlegendes Werk geblieben; man kann sehen, wie alle späteren Veränderungen daraus hervorgingen, ohne die Grundbegriffe zu zerstören.

Eine der wichtigsten Bewertungen Linnés war die Einordnung des Menschen in die Gruppe der Primaten (Herrentiere), zu denen Lemuren, Affen und Menschenaffen gehören. Es war das erste Mal, daß der Mensch wissenschaftlich mit den Tieren in Verbindung gebracht wurde. In der Rückschau erscheint es vielleicht merkwürdig, daß Linnaeus nicht den, wie es heute erscheint, naheliegenden Schluß zog, daß derartige Klasse-Beziehungen ein Nebenprodukt eines evolutionären Vorgangs waren. Linnaeus lebte aber hundert Jahre vor der Zeit, in der der Entwicklungsbegriff allmählich aus diesen systematischen Studien auftauchte. Wenn auch sein System einem Baum glich, bei dem alle Zweige, die die lebenden Spezies repräsentierten, Ast um Ast mit dem Stamm selbst verbunden waren, sah er nicht, daß die Äste an die Stelle früherer Zweige getreten waren, die sich bei ihrem Wachstum schließlich zu dieser Vielheit entwickelt hatten. Ich nehme an, daß Linnaeus ganz einfach die traditionelle Schöpfung akzeptierte und sich nicht mit dem „Warum" seines Klassifizierungssystems befaßte.

Obwohl Linnés Werk rasch ein Standardbuch wurde, weiß ich von keiner kritischen Bewertung der Tatsache, daß er den Menschen den Primaten zugeordnet hatte. Diese Klassifizierung scheint weithin akzeptiert worden zu sein. Und obwohl Linnés Werk zu keiner evolutionären Auffassung vom Ursprung des Menschen geführt hat, muß es doch eine bedeutsame Rolle dabei gespielt haben, Wissenschaftler ganz im Unterbewußtsein auf die Vorstellung einer Art Verwandtschaft zwischen dem Menschen und dem Reich der Tiere vorbereitet zu haben.

Trotz des schweren Schocks nämlich, den Darwin mit seinen Ansichten über den Ursprung des Menschen dem religiösen Establishment versetzte, war eine überraschend große Zahl von Biologen und Zoologen, die mit der akzeptierten Klasseneinordnung des Menschen vertraut waren, darauf vorbereitet, die Entwicklungstheorie hinzunehmen. Einige Wissenschaftler, darunter auch Louis Agassiz in den Vereinigten Staaten, verwarfen sie zwar, die große Mehrheit trat jedoch schnell auf die Seite Darwins. Vielleicht schulden wir Linné hier einen noch nicht abgestatteten Dank.

Nachdem man mehr als ein Jahrhundert lang den fossilen Ahnen des Menschen nachgespürt und damit Studien der vergleichenden Anatomie, der Anpassung des Primatenverhaltens und anderer verwandter Gebiete kombiniert hat, bleiben immer noch sehr viele ungelöste Probleme übrig; es ist aber entschieden ermutigend, wenn man die wachsende Zahl grundsätzlicher Einblicke in diesen Vorgang in der Gewißheit beobachtet, daß wir auf der richtigen Fährte sind.

Einer der fundamentalen Schlüsse, die wir ziehen können, ist der, daß die Anpassung unserer Primatenvorfahren an die Bäume alles möglich gemacht hat. Ohne sie hätte sich der Mensch nicht zu dem entwickelt, was er heute ist. Keine andere tierische Entwicklungslinie lieferte das Potential, denn der Mensch ohne die aufrechte Haltung und die greifende, zu manipulierende Hand, die aus seinem Stammbaum abgeleitet wurde, wäre nicht zu verstehen. Mit diesen Erwerbungen und dem sich rasch entwickelnden Gehirn, das zum großen Teil durch diese Erwerbungen stimuliert wurde, war der Mensch befähigt, den Kurs einzuschlagen, dem er dann folgte. Obwohl jeder tierischen Anpassung und Entwicklung mehrere Wege für eine weitere Differenzierung offenstehen, begrenzen trotzdem seine ursprüngliche Ausstattung und der Anpassungsvorgang diese Wahl.

Es gibt viele andere Tiere, die sich völlig einem Leben in den Bäumen angepaßt haben. Aber aus dem einen oder anderen Grund sind sie nicht den gleichen Weg einer anatomischen Anpassung gegangen wie die Primaten. Als Ergebnis davon konnten sie sich – wenn ihre Geschicklichkeit in den Bäumen genau so groß, ja vielleicht sogar noch größer gewesen sein mag als die der Primaten – nie in die gleiche Richtung entwickeln. Einer der charakteristischen Baumkletter-Mechanismen der Primaten ist ihre Hand, die Äste ergreift, indem sie ihre Länge entweder entlang kriechen oder hüpfen und dann von ihnen abspringen oder sich abschwingen. Das schließt den Gebrauch der Finger ein, um sich festzuhalten, der Daumen liegt ihnen gegenüber, um den Ast auf diese Weise vollkommen zu umklammern. Diese Art von Griff für die Fortbewegung in den Bäumen ist möglich geworden, weil die primitiven Primaten schon sehr früh auf die Bäume gingen. Sie hatten die pentadaktile oder fünffingrige Hand, die bei allen Landwirbeltieren traditionell ist, geerbt; sie wurde keinen Veränderungen unterzogen, die sie für die Greiftechnik, der sie sich angepaßt hatte, ungeeignet gemacht hätte. Säugetiere, die auf die Bäume gingen, nachdem sie sich zuerst etwas an die Fortbewegung auf dem Boden angepaßt hatten, fanden sich bald mit gepolsterten Pfoten und verkürzten Fingergliedern; sie waren daher nicht mehr fähig, einen Ast oder auch nur einen Zweig zu ergreifen. Notwendigerweise mußten sie sich dem Baumklettern anpassen, indem sie Krallen anstelle der Nägel entwickelten, die man gewöhnlich an den Händen und Füßen der Primaten findet. Man braucht nur zu beobachten, wie ein Eichhörnchen gewandt einen breiten Baumstamm hinaufläuft und dabei seine Krallen in die Rinde schlägt, um zu erkennen, wie ganz anders diese Fortbewegungsart ist.

Zwei Nebenprodukte der Fortbewegungsart der Primaten auf den Bäumen sind ein biegsamer Körper und eine halbaufrechte Körperhaltung. Die Biegsamkeit war in einer Umgebung nötig, wo die Stütze jeden Augenblick wechselte, die Körperhaltung entwickelte sich aus der Notwendigkeit, aus- und oft über den Kopf zu greifen, wenn man sich nach oben bewegte. In der Folge setzten sich Primaten – und ganz besonders die weiter entwickelten – oft auf, selbst wenn sie sich entspannten. Natürlich gab es bei den Primaten in der Art dieser grundsätzlichen Fortbewegung und in der Folge auch in ihrer anatomischen Anpassung viele Variationen. Einige der primitiveren Formen bewegten sich in einer ziemlich vorgestreckten Haltung, ihre Vorder- und Hinterglieder hatten etwa die gleiche Länge. Einige südamerikanische Affen entwickelten Greifschwänze, mit deren Hilfe sie sich von Ast zu Ast schwingen konnten.

Die Menschenaffen wurden Brachiatoren (Armschwinger), an ihren Armen konnten sie sich über Entfernungen von neun bis zwölf Meter schwingen. Diese Art der Fortbewegung betonte die mechanische Wirkung langer Arme – besonders der Unterarme – bei der Anwendung von Muskelenergie. Deshalb haben die Menschenaffen zwar relativ kurze Beine, aber Arme, die bei einigen Arten leicht den Boden erreichen können, selbst wenn sie voll aufgerichtet stehen. Diese Körperproportion, die sich so stark von der des Menschen unterscheidet, ist eines der Hauptargumente dafür, daß sich die Hominidenlinie nicht von den voll entwickelten Armschwingeraffen abgezweigt haben kann, wie wir das früher gedacht haben. Wenn solche Affen, wie etwa der Gorilla, auf den Boden gehen, tendieren sie dazu, ihre extrem langen Arme als zusätzliche Stütze beim Gehen zu verwenden; es ist also ganz unwahrscheinlich, daß sie sich in einer vollaufgerichteten zweibeinigen Gangart bewegen.

Obwohl diese Logik weithin akzeptiert wird und sehr wohl einer der entscheidenden Faktoren dafür sein wird, daß die entwickelten Armschwingeraffen als Kandidaten einer Ahnenrolle für die Menschheit eliminiert werden, werfen die Beobachtungen einiger der lebenden Affen doch gewisse Fragen auf. Man hat beispielsweise häufig beobachtet, wie der Schimpanse in seiner einheimischen Umgebung trotz seiner überlangen Arme völlig aufrecht ging, und ich selbst habe gesehen, wie Meshie, eine Schimpansin, die von Harry Raven als Mitglied seiner Familie aufgezogen wurde, für beträchtliche Zeit aufrecht ging, obwohl ihr Gang in dieser Haltung etwas linkisch war und ihre Arme dabei ein gewisses Problem darstellten. Trotzdem neige ich immer noch dazu, denen zuzustimmen, die für die Abstammung der Hominiden von einer affenartigen Linie eintreten, die nicht so sehr Armschwinger waren wie die modernen Affen.

Eine weitere Folge dieser Spezialisierung auf die Fortbewegung durch Armschwung war die Tendenz, die Größe des Daumens zu reduzieren. Man kann leicht einsehen, daß es, wenn man von einem Ast zu einem anderen in drei bis sechs Meter Entfernung schwingt, ein ganz entscheidender Vorteil wäre, daß die Hand hinreichend verlängert und verstärkt wird.

So könnte sie als eine Art Haken fungieren, der am Handgelenk nicht unter der beträchtlichen Wucht des Aufpralls und des begleitenden Körpergewichts nachgibt. Außerdem wäre ein langer Daumen wie unser eigener und der der Primaten, die sich nicht durch Armschwung bewegen, eine gewisse Gefahr für die als Haken verwendete Hand, da er sie leicht ablenken und bewirken könnte, daß der „Armschwinger“ sein Ziel verfehlt.

Als Folge davon ist der Daumen bei diesen Affen nicht nur kurz, seine Länge ist tatsächlich reduziert. Das hat diesen Affen zwar nicht völlig einen gegenüberstehenden Daumen genommen, mit dessen Hilfe sie einen Gegenstand aufheben können, es hat sie aber gezwungen, ihre Hände zur Manipulation etwas anders zu benützen, als wir das tun.

Eine weitere möglicherweise bedeutsame Auswirkung der Anpassung an das Leben auf den Bäumen kann die Sinnesabhängigkeit eines Tieres betreffen, das von den Anregungen getrennt ist, denen es auf dem Boden begegnen könnte und durch die es seine Handlungen lenkt. Im allgemeinen sind die am Boden lebenden Tiere zum überwiegenden Teil, wenn auch nicht vollständig, von ihrem Geruchssinn und ihrem Gehör abhängig. Andere Sinne spielen natürlich auch eine Rolle, diese beiden dominieren jedoch. Der Hund, der, die Nase dicht am Boden, völlig sicher über ein Feld läuft, folgt Hinweisen, für die er besonders empfänglich ist, die uns aber nichts bedeuten würden, selbst wenn wir sie wahrnehmen könnten.

Für die Primaten, die hauptsächlich auf den Bäumen leben und die etwa zwölf bis fünfzehn Meter vom Boden entfernt sind, wäre ein scharfer Geruchssinn beim Aufspüren der Nahrung oder beim Erkennen von Gefahren weniger wichtig.

Die Bedeutung des Geruchssinns ließ allmählich nach; stattdessen wurde der Gesichtssinn zum Haupt-Sinneskanal. Vor über sechzig Jahren hat Wood Jones, ein ausgezeichneter englischer Anatom, als einer der ersten dieser Veränderung bei den Primaten eine wesentliche Rolle bei der Entwicklung ihres Gehirns zugeschrieben, das im Verlauf der Entwicklung eine progressive Steigerung und eine kompliziertere Struktur aufweist.

Die Bedeutung des Gesichtssinns bei diesen Baumtieren spiegelt sich in den bemerkenswert gesteigerten, ja sogar neuen Funktionen, die er allmählich annahm. Die ersten Primaten hatten, wie die meisten am Boden lebenden Säugetiere, wahrscheinlich kein stereoskopisches und auch kein Farbsehvermögen. Das stereoskopische Sehvermögen vermittelt einen verstärkten Sinn für die Position von Gegenständen im Raum, eine Fähigkeit, die für jeden, der sich gewandt in den Bäumen bewegen muß, von allergrößter Wichtigkeit ist.

Wenn man am Boden geht, muß man nicht vorsichtig auf jeden Schritt achten. Wenn man das täte, käme man nur sehr viel langsamer voran, eine größere Geschwindigkeit wäre, wenn man sie einmal brauchte, praktisch unmöglich. Alle zwei- oder vierbeinigen Bodenläufer können es als ziemlich gegeben hinnehmen, daß sie sich auf festem Grund bewegen. Natürlich kann es auch hier Ausnahmen geben, in diesem Fall würde ihre Zuversicht durch einen Unfall gestraft – aber diese Unfälle sind doch selten.

In den Bäumen gibt es keinen Untergrund, den wir als gegeben hinnehmen können. Zweige bewegen sich in allen möglichen Richtungen, in beträchtlichen Höhen könnte es sehr fatal sein, wenn man ohne hinzuschauen annimmt, ein Ast wäre dort, wo er sein sollte. Das Hinschauen genügt aber nicht, wenn man nicht über ein scharfes Raumsehvermögen verfügt. Diese Fähigkeit wird stark vergrößert, wenn sich die Gesichtsfelder der zwei Augen überschneiden und so die Stereoskopie bewirken. Bei den meisten Landtieren haben die Augen einen sehr großen Abstand und ihre Gesichtsflächen sind so divergent, daß ein derartiges Überschneiden der Gesichtsfelder überhaupt nicht auftreten kann. Ein stereoskopisches Sehen ist möglich, wenn die Augen in der gleichen Ebene liegen, die Blicklinien mehr oder weniger parallel und die Augen sich nahe genug sind, daß diese Überschneidung eintritt. Jeder, der sich für eine gewisse Zeit nur auf ein Auge verlassen konnte, weiß, daß die Höhe einer Stufe oder eines Randsteins plötzlich zu einem Problem werden kann, bis man allmählich lernt, sich an den Verlust des exakten Gefühls für Position und Raum zu gewöhnen, das uns unser stereoskopisches Sehvermögen gibt.

Wenn wir die evolutionäre Anpassung der Primaten verfolgen, können wir die progressive Verlagerung der Augenhöhlen und damit der Augen in eine frontalere Position beobachten. Das Ergebnis davon ist, daß sie enger beieinanderstehen und in der gleichen Ebene liegen, wodurch ein stereoskopisches Sehen möglich wird. Das deutet darauf hin, daß die Fähigkeit, von Ast zu Ast zu springen und die hochentwickelte Fortbewegungstechnik durch Armschwünge bei den Affen in enger Beziehung zu der progressiven Steigerung des stereoskopischen Sehvermögens steht.

Das Farbsehen, das wir als gegeben hinnehmen und von dem wir annehmen, daß es für das gesamte tierische Leben charakteristisch ist, ist in Wirklichkeit in seiner Verbreitung beschränkt. Einige Insekten und einige andere Tiere besitzen es – bei vielen ist das jedoch nicht der Fall: sie sehen die Welt, die sie umgibt, nur in Schattierungen von Grau. Wenn man daran gewohnt ist, kann man durchaus damit leben wie wir mit den Schwarzweißfilmen und dem Schwarzweißfernsehen. Wenn die Farbe aber einmal kommt, empfindet man es als einen schweren Mangel, ohne sie auskommen zu müssen. Warum die Primaten das Farbsehen erwarben, ist noch nicht ganz klar. Vielleicht ist die Fähigkeit, Farben unterscheiden zu können, für ein Leben in den Bäumen wichtig, obwohl die frühen Primaten zweifellos ohne diese Fähigkeit auskamen. Das Gleiche könnte man natürlich von dem stereoskopischen Sehvermögen sagen, offensichtlich kam das aber früher und gestattete die große Behendigkeit, die wir bei den höheren Primaten beobachten können.

Warum viele der Primaten später das Leben in den Bäumen aufgaben und wieder auf dem Boden lebten, wie ihre fernen Säugetierahnen das vor Jahrmillionen getan haben, ist auch heute noch Gegenstand für Spekulationen.

Wenn man in Erwägung zieht, wie gut sie für das Leben in den Bäumen ausgerüstet waren, hat es den Anschein, als ob die Rückkehr auf den Boden eine Beschränkung ihrer Fähigkeiten und damit einen so großen Nachteil darstellt, daß sie dadurch von dieser neuen Lebens- und Fortbewegungsart abgeschreckt worden sein sollten. Was noch mehr ist: die Primaten hätten auf den Bäumen bleiben können, weil sie dort vor Raubtieren geschützt waren, die im Klettern sowie im Springen und Schwingen von Ast zu Ast nicht so gewandt waren wie sie. Und doch kehrten einige in mehreren Stadien ihrer Entwicklung auf den Boden zurück. Von den Affen der Alten Welt – den *Cercopitheciden* – sind mehrere Arten zu Bodentieren geworden. Die bekanntesten unter ihnen sind die Paviane, die Makaken und die Mandrille.

Von den Menschenaffen lebt der Gorilla jetzt zum großen Teil auf dem Boden, er benützt die Bäume nur noch selten zur Fortbewegung. Natürlich ist das auch bei unseren eigenen hominiden Vorfahren der Fall. Die neue Methode der Fortbewegung kann den anatomischen Attributen zugeschrieben werden, die jede Art in ihren neuen Lebensraum mitbrachte.

Die Paviane und die ihnen verwandten *Cercopitheciden* sind auf eine eigenartige und eigentlich faszinierende Art zu charakteristischen Eigenschaften der am Boden lebenden Tiere zurückgekehrt, jedoch auf eine Weise, die durch ihre vorhergehende Anpassung an die Bäume beeinflußt war. Die Paviane zum Beispiel laufen auf allen Vieren auf dem Boden, sie haben aber keine Polster, Pfoten oder Hufe entwickelt. Obwohl ihre Primatenhände und die Füße etwas von ihrer früheren Biegsamkeit verloren haben, haben sie doch die fünf Finger mit dem gegenüberliegenden Daumen behalten. Da sie sehr nahe am Boden leben, ist ihr Geruchssinn wieder sehr wichtig geworden. Die Nase hat sich verlängert und wurde schnauzenartig, um Platz für die komplizierte Nasenstruktur zu schaffen, die mit ihrem verstärkten Geruchssinn in Verbindung steht. Mund, Gesicht und Zähne behielten jedoch das Grundschema der Primaten bei.

Die Übernahme der vierbeinigen Fortbewegung am Boden

durch die Paviane deutet darauf hin, daß die Primatenlinie, deren Zweig sie waren, sich auf den Bäumen noch vorwiegend horizontal bewegte, indem sie auf allen Vieren krochen, die Hände und Füße aber zum Greifen benützten. Als sie dann auf den Boden gingen, ersetzten sie einfach eine Stütze durch die andere.

Die Bewegung des Gorilla am Boden ist davon völlig verschieden. Obwohl er sich häufig aufrichtet, um sich umzusehen oder sich auf die Brust zu trommeln und dabei ein Gebrüll auszustoßen, ist seine normale Gangart halb aufgerichtet, wobei das Hauptgewicht seines Körpers auf den Beinen und Füßen liegt und seine Arme diese Bewegung unterstützen. Mit den extrem langen Armen eines Armschwungaffen kann er leicht den Boden erreichen und seinen Körper halb aufrecht halten. Diese langen Arme sind in der Tat zum Teil der Grund, warum der Gorilla, selbst wenn er wollte, nicht die horizontale Körperhaltung des Pavians einnehmen kann. Vielleicht waren die langen Arme auch die Ursache, warum sich der Gorilla nicht voll aufrichtete; in einer derartigen Körperhaltung könnten sie eine Behinderung darstellen.

Eine interessante Nebenerscheinung bei der Art, wie sich der Gorilla bewegt, ist die, daß die Hände den Boden nicht mit der Handfläche berühren, wie es die Paviane tun. Stattdessen benützt der Gorilla die Knöchel und hält dabei die Handgelenke steif. Einige Beobachter schreiben das seiner früheren Anpassung als Armschwinger zu, als die hakenartige Hand und das steife Handgelenk einen großen Vorteil darstellten. Da der Gorilla diese Eigenschaften besaß, als er auf den Boden ging, konnte er die Hand nur mit den Knöcheln als Stütze zum Gehen benützen, weil sein Handgelenk so steif geworden war, daß er die Hand nicht flach auf den Boden legen konnte.

Beiläufig ist das eine weitere Eigenart, die auch bei den heutigen Affen vorhanden ist; einige Gelehrte haben sie als Argument dagegen benützt, daß die Ahnen des Menschen von einem entwickelten Armschwungaffen abstammen könnten. Augenscheinlich hat der Gorilla den richtigen Weg eingeschlagen, er machte das leider etwas zu spät und endete so als *„Homo manqué"*.

Wenn etwas in der menschlichen Entwicklungsgeschichte unbestreitbar ist, so ist das die Tatsache, daß die hominiden Vorfahren des Menschen, als sie auf den Boden zurückkehrten, damit anfingen, mit aufgerichtetem Körper auf zwei Beinen zu gehen. Wenn sie das auch nicht gleich von Anfang an taten, kann es doch nicht viel später geschehen sein. Wenn sie sich anfänglich einer anderen Art der Fortbewegung angepaßt und sich an sie gewöhnt hätten, wäre es doch höchst unwahrscheinlich, daß sie erst später die aufrechte Körperhaltung und das Gehen auf zwei Beinen übernommen hätten.

Selbstverständlich war diese Haltung nicht sofort voll ausgebildet und so natürlich, wie sie das später wurde, als sich die anatomischen Veränderungen entwickelten, die die aufrechte Haltung erleichterten. Verschiedene Muskeln mußten erst die Kraft gewinnen, den Oberkörper über dem Becken aufrecht halten zu können. Einige von ihnen wurden so groß und so kräftig, daß sie als die Hinterbacken hervortraten, eine Eigenart, die für die menschliche Spezies typisch und anatomisch notwendig ist, wenn die aufrechte Position beibehalten werden soll. Daß dieses entschieden menschliche Attribut das Auge des Mannes besonders anzieht (die Griechen hatten dafür ein Wort: kallipygous), bedeutet nicht, wie einige Autoren gemeint haben, daß diese Tatsache der sexuellen Auswahl ihren Ursprung verdankt. Es würde nämlich unterstellen, daß die Mädchen mit dem größten Hinterteil den größten Sex Appeal hätten und mehr Babys auf die Welt brächten als die, die hier weniger begünstigt sind. Es würde heißen, daß ihre Sprößlinge infolge der Gene ihrer Mütter für größere und bessere Kehrseiten die weniger Glücklichen zahlenmäßig bald überflügeln würden. Wenn das wirklich so wäre, wären wir heute ein Riesengeschlecht.

Wenn man die Knochen und die Muskeln des menschlichen Körpers genau studiert, wird man sehr schnell feststellen, daß die Auswirkung der aufrechten Haltung praktisch jeden seiner Teile vom Kopf bis zu den Füßen betrifft. Es hat natürlich sehr lange gedauert, bis diese Veränderungen den heutigen Zustand erreicht hatten. Die meisten haben sich aber schon relativ früh in der hominiden Evolution gezeigt – viel früher jedenfalls als andere Züge, die wir für entschieden menschlich halten.

Bei diesem Punkt muß man sich besonders zwei Fragen stellen: Warum gingen die Ahnen des Menschen auf den Boden zurück, wenn sie sich dem Leben in den Bäumen bereits so gut angepaßt hatten? Und warum nahmen sie zu diesem Zeitpunkt eine aufrechte Haltung an, nachdem andere Primaten, die den gleichen Weg einschlugen, das, wie wir gesehen haben, nicht getan haben? Die fossilen Hinweise zu der ersten Frage sind nie spezifisch und können das vielleicht nie sein.

Einige Forscher haben argumentiert, daß als Folge von Klimaschwankungen Zonen geringeren Regenfalls in das dicht bewaldete Heimatgebiet unserer Primatenahnen vorgedrungen seien. Als Folge davon seien die Bäume lichter geworden und ein savannenartiges Land entstanden. Unter diesen Umständen konnten die Primatenbewohner der ehemaligen Wälder entweder dem Rückzug ihrer ökologischen Umgebung folgen; sie konnten andererseits auch versuchen, mit der Änderung zu leben, indem sie sich dem Dasein auf dem Boden anpaßten. Andere Wissenschaftler haben die Theorie vertreten, daß unsere Ahnen auf dem Boden Nahrungsquellen entdeckt hatten – Samen, Kleinwild, das sie dank ihrer Beweglichkeit fangen konnten – und daß diese neuen Nahrungsquellen sie dort bleiben ließen, wo die Fleischtöpfe waren.

Eine neue Variante des Stimulans der Nahrung, die in einem Buch von Elaine Morgan „Der Mythos vom schwachen Geschlecht“ vorgetragen wurde, deutet auf diese Möglichkeit: Unsere Ahnen, die irgendwie die reichen Nahrungsschätze im

Wasser entdeckt hatten, begannen damit, ihre nasse Umgebung auszubeuten. Um nicht Wasser zu schlucken, mußten sie dabei aufrecht stehen und gewöhnten sich so an die aufrechte Haltung. Hier bietet sich offensichtlich ein weites Feld für phantasievolle Rekonstruktionen. Nützlich können diese natürlich nur dann sein, wenn sie durch harte Tatsachen belegt werden.

Daß die Ahnen des Menschen die aufrechte Haltung oder etwas, das ihr nahekam, übernahmen, als sie schließlich das Leben am Boden aufnahmen, hatte eine Reihe von Voraussetzungen und Folgerungen. Vor allem einmal müssen sie von einer Linie abgezweigt sein, die noch nicht zu spezialisierten Armschwingern geworden war. Und doch müssen sie einen Grad der Anpassung an die aufrechte oder die halbaufrechte Körperhaltung erlangt haben, die über die der Affenahnen des Pavians hinausging. Das wieder hat einige Gelehrte zu der Ansicht gebracht, die Hominidenlinie entstamme einer Gruppe höherer Primaten, die bereits in den Anfangsstadien des Armschwingens eine solche Haltung erreicht habe, aber noch ehe die vollen Auswirkungen dieser Fortbewegungsart die Tür zu dem zweibeinigen Gehen am Boden unwiderruflich verschlossen hatte.

Es ist bedeutsam, daß diese Form der Fortbewegung auf der Erde bei den *Australopithecinen* bereits üblich gewesen zu sein scheint. Als ihre ersten Schädelfragmente entdeckt wurden, erkannte man, daß diese Geschöpfe Zweibeiner und aufrecht gegangen waren. Das konnte sehr leicht aus der Lage des Foramen magnum (der Öffnung an der Schädelbasis) bestimmt werden, durch das das Rückenmark führt und das komplizierte, sich verästelnde Nervensystem mit dem Gehirn verbindet. Bei einem vierbeinigen Säugetier befindet sich die Öffnung am hintersten Ende des Schädels, an dem Punkt, an dem er mit der Wirbelsäule verbunden ist. Bei einem voll aufrechtgehenden Menschen muß das Foramen magnum notwendigerweise nach vorn und nach unten rücken – bis es, nicht mehr am Hinterschädel, sondern zur Mitte der Schädelbasis hin liegt, weil der Schädel bei einer aufrechten Körperhaltung auf der senkrechten Wirbelsäule balanciert.

Indem man so die Position des Foramen magnum jedes Primatenfossils untersucht, kann man sofort den Grad der Anpassung an eine aufrechte Haltung schätzen.

Das Beckengebiet im menschlichen Skelett hat ebenfalls dramatische Veränderungen in der Form, der Beziehung der Teile zueinander, den Gelenken und anderen Einzelheiten erfahren; sie alle spiegeln die besonderen Spannungen und die daraus resultierenden Anpassungen, die mit der aufrechten Haltung zusammenhängen.

Man kann ein Becken, das an die menschliche Gangart angepaßt ist, nicht mit einem verwechseln, daß für eine halb aufgerichtete oder eine Bewegung auf allen Vieren eingerichtet ist. Die Form und die Muskelansätze der Beinknochen spiegeln diese Anpassung auf ähnliche Weise deutlich wider.

Auf all diesen anatomischen Gebieten haben sich die *Australopithecinen* sehr weit von ihren Primatenvorgängern entfernt. Sie waren ganz offensichtlich menschenartig und hatten sich sicherlich schon seit langer Zeit an einen aufrechten Gang gewöhnt. Sie standen in der Tat den menschlichen Maßstäben viel näher in dieser Hinsicht als in der Entwicklung des Gehirns. So bestätigt dieser Beweis nicht nur die jetzt allgemein angenommene Schlußfolgerung, daß diese ausgestorbenen Hominiden in der direkten Linie stehen, die zum *Homo sapiens* führt – oder ihr auf jeden Fall nahe verwandt sind. Es beleuchtet zugleich auch die entscheidende Rolle, die die aufrechte Haltung im Verlauf ihrer Entwicklung gespielt hat.

Zwei weitere Einzelheiten erfordern eine Erläuterung: Hand und Gehirn. Ohne sie und ihre Wechselbeziehungen wäre es in der Tat unfaßbar, daß sich der Mensch, so wie er heute ist, je entwickelt haben könnte.

Die zu manipulierende Greifhand mit dem gegenüberstehenden

Daumen, der ihre Wirksamkeit außerordentlich steigert, ist ein ausgezeichnetes Beispiel für eine Struktur, die zu einem bestimmten Zweck entwickelt und angepaßt wurde – schließlich aber eine ganz andere Funktion ausübt. Diese neue Funktion, die Herstellung und die Verwendung von Werkzeugen und schließlich einer ganzen komplizierten Technologie hat in der menschlichen Entwicklung eine Bedeutung erlangt, die gar nicht stark genug betont werden kann. Sie ist fundamental. So ist der Mensch darin einzigartig, daß er sich nicht so sehr der natürlichen Umgebung angepaßt hat, die ihm und all seinen Mitgeschöpfen ihre Form, ihren Charakter und ihre Möglichkeiten gegeben hat, sondern noch mehr einer künstlichen Umwelt, die er selbst geschaffen hat und die er verändern und modifizieren kann.

Alles das wurde ursprünglich durch die Hand ermöglicht, die unter der Kontrolle eines Gehirns funktionierte, eines Gehirns, das mit der Entwicklung des Menschen immer komplizierter wurde. Die Hand ist jedoch – ein so erstklassiges Instrument sie auch darstellen mag – natürlich nur so ingeniös wir das Gehirn, das sie leitet und kontrolliert und die neuen Verwendungen erdenkt, zu denen sie eingesetzt werden kann.

Im Stadium der *Australopithecinen* und des *Homo habilis* hatte die Wechselbeziehung von Hand und Gehirn jedoch noch kein so hohes Niveau der Technologie geschaffen. Die vorhandenen Beweise enthüllen eine sehr einfache Technik bei der Herstellung dessen, was als „Geröllwerkzeuge" bekannt ist. Geröllwerkzeuge sind nur roh bearbeitet, aber doch als bewußte Machwerke zu erkennen. Diese Spuren einer Bearbeitung unterscheiden sie von den Steinen oder Stöcken, die, wie wir wissen, die Affen als Werkzeuge benützen.

Aus dieser Art von Beweisen möchte man zu der Annahme neigen, daß die Hominiden zu diesem Zeitpunkt einen gewissen, wenn auch nicht sehr eindrucksvollen Grad einer intellektuellen Kapazität erlangt hatten, der über das hinausging, was die anthropoiden Affen besaßen. Aber vielleicht sollte dieser erste Schritt in die Richtung einer menschlichen Technologie, so einfach sie auch sein mochte, nicht unterschätzt werden. Derartige erste probeweise Schritte in eine neue Entwicklung können sehr wohl fundamentale Veränderungen im Gehirn widerspiegeln, die von größter Bedeutung sind.

Die einzige andere Methode, um die Gehirnentwicklung dieser fossilen Hominiden zu bewerten bietet das Studium des Schädelinneren in Natur oder an Hand von Abgüssen. Das bringt allerdings große Schwierigkeiten mit sich, da nur die Gehirngröße und gewisse Abdrücke, die das Gehirn auf der inneren Knochenschicht des Gehirns hinterläßt, als direkte Beweise zur Verfügung stehen. Trotzdem sind mit erstaunlichem Einfallsreichtum gewisse kritische Bestimmungen gemacht worden.

Professor Ralph L. Holloway von der Columbia Universität, der großes Geschick und viel Mühe in diese Forschungen investiert hat, kam zu der Schlußfolgerung, daß die Gehirne sowohl des *Australopithecus* als auch des *Homo habilis* eindeutig hominid sind.

In der Gehirngröße jedoch hatten die *Australopithecinen,* sowohl der *africanus* wie der *robustus,* keine absolute Größe erreicht, die stark über die des Gorillas hinausgeht.

Die *robustus*-Variante hatte eine durchschnittliche Gehirnkapazität von etwas mehr als 500 Kubikzentimeter, der *africanus* etwas weniger. Holloway wies darauf hin, daß sie, gemessen an der geringen Körpergröße und dann mit den Gorillas verglichen, weit eindrucksvoller sind, als das auf den ersten Blick erscheinen mochte, da eine Korrelation zwischen Gehirn und Körpergröße besteht. Man kann mit Fug und Recht annehmen, daß die *Australopithecinen* eine beträchtlich größere Gehirnkapazität gehabt hätten, wenn sie so groß gewesen wären wie der moderne Mensch oder gar ein Gorilla.

Der *Homo habilis,* der gleichzeitig mit den *Australopithecinen* gelebt hat und den einige Fachleute für deutlich verschieden von ihnen halten, hatte ein noch größeres Gehirn mit im Durchschnitt etwa 600 Kubikzentimeter – und das Fossil, das kürzlich von Richard Leakey in Ostafrika aufgefunden wurde und das jetzt noch eingehend untersucht wird, hatte ein noch größeres Gehirn, obwohl es ebenfalls ein Zeitgenosse der *Australopithecinen* und des *Homo habilis* war.

Vielleicht noch wichtiger für die Bewertung der Gehirnentwicklung dieser fossilen Hominiden sind die regionale Evolution und der Oberflächenaufbau ihrer Gehirne, die man durch Abgüsse des Schädelinneren studieren kann. Nach Holloways Ansicht weisen die *Australopithecinen* und der *Homo habilis* Schemata auf, die typisch hominid und deutlich von denen verschieden sind, die man bei anderen Primaten findet.

Die große Frage lautet jetzt so: Was hat das Wachstum des Gehirns angeregt und warum erfolgte es, nachdem die frühen Hominiden auf den Boden zurückgekehrt waren? Obwohl sich nämlich bei den Primaten in der Gesamtheit die Gehirne im Lauf der Entwicklung fortschreitend sehr respektabel entwikkelt haben und sie in dieser Hinsicht zu einer der differenziertesten Säugetierordnungen machten, hat doch keiner von ihnen je das menschliche Niveau erreicht.

Die Antwort darauf läßt sich gegenwärtig nicht so leicht finden. Einige Gelehrte haben darauf hingewiesen, daß die soziale Entwicklung bei diesen frühen Hominiden eine sehr bedeutsame Rolle spielte. Eine weitere Möglichkeit, die ich bereits betont habe, ist die Verwendung der Hand bei technologischen Neuerungen. Durch eine Art Rückkopplungssystem könnte das wiederum sehr entscheidend bei der Auswahl überlegener Fähigkeiten gewesen sein, die ihrerseits kulturelle und technologische Leistungen gefördert haben, um den Auswahlprozeß voranzutreiben.

Die Ausstattung mit Hand und Gehirn, die dazu bestimmt war, den Verlauf der menschlichen Entwicklung zu lenken, erfolgte schon bei den frühen Hominiden; am Anfang war sie allerdings erst eine Möglichkeit. Als dann aber die Gelegenheiten, das Werkzeug zu benützen, immer bedeutender wurden, konnten die Wechselwirkungen zwischen Gehirn und Hand fortgesetzt werden und zu den Resultaten führen, die wir jetzt rings um uns sehen. Wenn diese frühen Hominiden ganz einfach natürliche Gegenstände verwendet hätten, so wie ihre Affenvettern das heute noch tun, hätte sich daraus nicht viel entwickeln können. Erst als sie bewußt damit anfingen, Werkzeuge herzustellen und sie zu ganz entschieden wirksameren Geräten zu formen, begann diese Technologie – so einfach sie auch sein mochte – einen selektiven Druck auszuüben, der die helleren und fähigeren Köpfe unter diesen frühen Hominiden begünstigte.

Es ist begreiflich, daß die Sprache einer der allerwichtigsten bestimmenden Faktoren beim Wachstum des Gehirns darstellt. Ich habe mich schon darauf bezogen, als ich die Wahrscheinlichkeit erörterte, daß der Pekingmensch bereits die Sprache beherrschte. Daß allerdings die frühen Hominiden schon irgendeinen Grad von linguistischen Fähigkeiten erworben haben sollten, ist nach den bis heute vorliegenden Beweisen sehr unwahrscheinlich. Das würde aber unterstellen, daß die Sprache bei der Ausbildung ihres Gehirns noch keinen bezeichnenden Faktor darstellte. Welchem Umstand können wir dann die bemerkenswerte Zunahme an Gehirngröße beim *Homo erectus* zuschreiben? Obwohl seine Technologie sicherlich viel reifer wurde, hatte sie doch noch kaum eine Ebene erreicht, die eine stärkere Entwicklung in der neurologischen Kompliziertheit des Gehirns erfordert hätte.

Ein sich stetig entwickelnder Mechanismus der Kommunikation, der schließlich zum Entstehen der Sprache mit einer komplizierten Wechselwirkung von Symbolen und Abstraktionen führte, hätte nicht nur eine vermehrte Nervenausstattung des Gehirns erfordert, sondern sehr wahrscheinlich auch die Reorganisation wenigstens eines Teils seiner Struktur.

Diese Beziehung zwischen Sprache und Entwicklung des Gehirns ist noch keineswegs gründlich erforscht; aber von all den möglichen Einflüssen, die zur Ausweitung des Gehirns beim *Homo erectus* beigetragen haben könnten, bietet kein anderes eine so gute Erklärung wie die Sprache.

# 6 Verspätete Nachrichten

Über dreißig Jahre lang waren die versteinerten Überreste des Pekingmenschen, einer der bezeichnendsten Stufen in der menschlichen Entwicklung, verschwunden – verloren, weggeworfen oder gestohlen. Niemand wußte wirklich, was mit ihnen geschehen war, obwohl unmittelbar nach ihrem Verschwinden eine ganze Reihe von Geschichten in Umlauf gesetzt worden war. Einige dieser Berichte ließ man schnell wieder fallen, da sie ganz eindeutig nicht zu den bekannt gewordenen Tatsachen paßten. Andere jedoch zirkulierten weiter, obwohl es nur wenige oder gar keine Beweise für ihre Richtigkeit gab. Noch Jahre nach ihrem Verschwinden tauchten neue Geschichten auf. Am 22. März 1951 beispielsweise veröffentlichte die New York Times Dr. Peis Beschuldigung, die Japaner hätten in der Tat die zwei Kisten, in denen die Fossilien verwahrt waren, beschlagnahmt und nach Tokio gesandt. Dort seien sie von den Amerikanern gefunden worden, als diese am Ende des Zweiten Weltkriegs Japan besetzten. Pei behauptet weiter, das Hauptquartier General MacArthurs habe sie in die Vereinigten Staaten geschickt, wo sie sich noch jetzt befänden. Diese Veröffentlichung, die geschrieben wurde, noch ehe die Chinesische Volksrepublik das gesamte chinesische Festland übernahm, klingt sehr merkwürdig. In der Hauptsache hatten sich jedoch diejenigen, die eng mit dieser Hinterlassenschaft aus der Vergangenheit der Menschheit verbunden waren, mit ihrem Verschwinden abgefunden oder es wenigstens als ein sehr tragisches Schicksal für einen so wertvollen Schatz hingenommen. Wenig oder nichts war geschehen, um den Gerüchten auf den Grund zu gehen, die bekannt geworden waren. Dr. Weidenreich, der mehr als ein Jahrzehnt seines Lebens dem unablässigen Studium der Fossilien gewidmet hatte, versuchte bei mehreren Gelegenheiten, die Beamten des Außenministeriums in Washington zu veranlassen, doch etwas zu unternehmen und den bekanntgewordenen Hinweisen zu folgen. Seine Bemühungen blieben aber erfolglos. Als er 1948 starb, war niemand mehr da, der der Sache so verpflichtet war und der so viel Energie besaß wie er, alle Spuren zu verfolgen. Nur so hätte man nämlich genauere Kenntnis von den Umständen des Verlusts erhalten können – und vielleicht die Möglichkeit, einige der verlorenen Fossilien – wenn nicht alle – zurückzubekommen. Die einzige Ausnahme, die ich belegen kann, war Dr. Peis Suche an den Orten, wo sie seiner Meinung nach verlorengegangen waren oder versteckt wurden. Mit dem Entstehen der Volksrepublik China und mit dem Abbruch der diplomatischen Beziehungen zwischen China und den Vereinigten Staaten wurde die Sache aber völlig hoffnungslos.

Dann aber kam eines Morgens, im April 1971 – fast dreißig Jahre nach dem Verlust – Dr. Walter Fairservis mit allen Anzeichen der Erregung in mein Büro und berichtete mir, er habe eben einen Anruf von einem Mr. Herman Davis erhalten. Davis arbeitete in der Praxis von Dr. William T. Foley, eines bekannten Herzspezialisten in New York City. Er hatte im Namen von Dr. Foley angerufen, der augenscheinlich die Herausgabe seiner Erinnerungen an seine Laufbahn bei der Marineinfanterie in China vorbereitete und bei der Durchsicht von Dokumenten in Washington auf Fairservis' Namen gestoßen war. Die Akten befaßten sich mit Weidenreichs Bemühungen in den Jahren 1946–47, Fairservis mit der Aufgabe zu betrauen, die Facts zu untersuchen, die zur Wiederauffindung der Fossilien führen konnten. Dr. Foley hoffte jetzt, von Fairservis die Namen anderer Personen zu erfahren, die ebenfalls an der Korrespondenz beteiligt gewesen waren. Aus dem Gespräch mit Davis hatte Fairservis den Schluß gezogen, daß Dr. Foley etwas über den Verlust der Peking-Fossilien wisse, das uns anderen unbekannt war. Er wollte mir das sofort berichten, weil er meine Sorge um das Schicksal der Fossilien kannte und insbesondere von meiner persönlichen Anteilnahme aufgrund meiner engen Verbindung zu Weidenreich wußte. Natürlich wußte er auch davon, daß ich als der angebliche „Hüter“ der Fossilien in die Sache verwickelt war, da man mich ja in aller Öffentlichkeit beschuldigt hatte, sie zu verstecken.

Wie Fairservis zweifellos erwartet hatte, reagierte ich sofort, indem ich Dr. Foleys Praxis anrief, um eine Verabredung für ein Gespräch mit ihm und Davis zu treffen. Davis war am Apparat und aus seinem kurzen Bericht erkannte ich sogleich, daß ich einer sehr wichtigen Information auf der Spur war. Obwohl der Hinweis zu diesem Zeitpunkt natürlich noch völlig unklar war, wußte ich, daß ich ihm folgen mußte. Wir verabredeten ein Zusammentreffen. Foley und Davis waren auch damit einverstanden, daß ich ihre Geschichte in ihren eigenen Worten auf Tonband aufnahm.

Ich erinnere mich lebhaft an mein Gefühl der Erregung, als ich mein Tonbandgerät nahm und zur East 68th Street fuhr, wo Dr. Foleys Praxis lag. Als ich ankam, war Dr. Foley beschäftigt, Davis war dagegen frei, und wir zogen uns zu unserem Gespräch in ein leeres Büro zurück.

Im wesentlichen lautete Davis’ Geschichte wie folgt:

Im Herbst 1941 war er Apotheker-Maat bei den US-Marines und in Camp Holcomb in Chingwangtao, dem Hafen von Tientsin, stationiert. Unterstellt waren ihm siebzehn Marineinfanteristen, die eine Sanitätseinheit unter dem Befehl von Dr. Foley bildeten, einem Sanitätsoffizier, der in Tientsin lebte.

Um diese Zeit war die Gesamtlage in China sehr bedrohlich geworden. Da eine Ausweitung der japanischen militärischen Tätigkeit jeden Augenblick erwartet werden mußte, wurde befohlen, daß die ganze Marineinfanterieabteilung, die im Raum Peking stationiert war – dieser Raum umfaßte auch Tientsin und Chingwangtao – auf die Philippinen verlegt werden sollte, wo wir starke Stützpunkte besaßen. Die Abfahrt war für den 8. Dezember auf der President Harrison geplant.

Spät im November erhielt Davis eine Nachricht von Dr. Foley, daß einige Feldkisten, die ein Etikett mit seinem Namen trugen, aus Peking nach Camp Holcomb geschickt werden sollten. Dort sollten sie sorgfältig bewacht und für die Verladung am 8. Dezember bereitgehalten werden. Kurz darauf fuhr ein Güterzug aus Peking auf das Nebengleis im Camp und die Kisten Dr. Foleys wurden ausgeladen. Davis stapelte sie der Sicherheit halber in seinem eigenen Zimmer, zusammen mit anderem Gepäck, das für die Verschiffung bereitgemacht worden war.

Davis erzählte, daß er am Morgen des 8. Dezember aus seinem Fenster hinaussah und feststellte, daß das Camp von japanischen Soldaten umstellt war. Sechs japanische Flugzeuge kreisten über dem Camp, und im Hafen lag ein japanisches Kanonenboot. Davis mag über die Wendung der Ereignisse etwas überrascht gewesen sein, ganz unerwartet ist sie meiner Vermutung nach nicht gekommen.

Die Japaner forderten Davis und seine Kameraden auf, sich zu ergeben; nach der Tradition der Marineinfanterie weigerten sie sich jedoch und machten sich zum Widerstand bereit. Davis erzählte mir, daß er sofort ein Maschinengewehr auf dem Stapel Kisten in seinem Raum montierte und sich anschickte, das Feuer zu eröffnen – dann rief er aber noch einmal die Kommandantur in Peking an und gab einen Lagebericht. Davis erhielt den Befehl, keinerlei Widerstand zu leisten, sondern sich zu ergeben, da die Situation hoffnungslos war.

Die Japaner nahmen die Marineinfanteristen sofort gefangen. Ehe sie sie nach Tientsin in ein zeitweiliges Gefangenenlager schafften, gestatteten sie jedem Mann, ein Gepäckstück mit persönlicher Habe mitzunehmen. Der Rest des Gepäcks einschließlich der Feldkisten, die mit Dr. Foleys Namen aus Peking geschickt worden waren, mußten – offensichtlich zu einer Untersuchung – zurückbleiben und sollten dann nach Tientsin gebracht werden.

Ein oder zwei Wochen später wurden die Kisten tatsächlich den Gefangenen in ihrem Lager in Tientsin ausgehändigt. Davis beschrieb ihren Zustand als ein wildes Durcheinander der persönlichen Habseligkeiten. Zweifellos waren die Mannschaftskisten geöffnet, durchsucht und der Inhalt dann wieder unordentlich hineingeworfen worden. Als Davis das Durcheinander aussortierte, gewann er den festen Eindruck, daß die Japaner einen Teil der Habe der Männer geplündert hatten; er war auch sicher, daß die Japaner, falls sie Fossilien gefunden hätten, diese in der Umgebung des Camps weggeworfen hätten; sie hatten ja keine Ahnung von ihrer Bedeutung und wußten auch nicht, wie dringend die japanischen Behörden danach suchten.

Dr. Foley gab mir dann seine Version von dem Schicksal der Kisten. Einige zusätzliche Ergänzungen habe ich anderen Quellen entnommen.

Die Kisten mit Dr. Foleys Namen wurden nicht zu Davis und seinen Kameraden ins Gefangenenlager geschickt, sondern bei Dr. Foley persönlich abgeliefert. Daß er überhaupt mit den Kisten zu tun hatte, war die Folge eines Befehls, den er von Oberst Ashurst, seinem Kommandeur in Peking, erhalten hatte. Die Beamten am Vereinigten Medizinischen Peking-College, Dr. Houghton und Mr. Bowen, sowie ihre chinesischen Kollegen am Zänozoischen Forschungslaboratorium hatten sich nach langen Erörterungen dazu entschlossen, die Fossilien aus China wegzubringen und zur Sicherstellung in die Vereinigten Staaten zu schaffen. Dort sollten sie bis zur Einstellung der Feindseligkeiten und bis zu dem Zeitpunkt bleiben, an dem man sie

sicher wieder nach China zurückbringen konnte. Nie hatte die Absicht bestanden, sie für dauernd nach Amerika zu schaffen, denn das hätte in entschiedenem Widerspruch zur Politik der Rockefeller-Stiftung gestanden, die die Ausgrabungen finanziert hatte. Nachdem man sich mit dem Marinekorps besprochen hatte, entschied man sich, die Fossilien Dr. Foley anzuvertrauen, der auch Forschungsmitglied des Medizinischen Colleges war. Nachdem er seine dreijährige Dienstzeit in China beendet hatte, sollte er sich den Marineinfanteristen bei ihrer geplanten Abfahrt nach Manila anschließen und dann nach New York weiterreisen.
So war er offenbar der geeignete Mann als Hüter der kostbaren Fossilien auf ihrer Reise in einen sicheren Hafen. Die Feldkisten mit den Fossilien wurden als sein persönliches Gepäck deklariert. Es waren dieselben, von deren Verschickung Foley Davis in Camp Holcomb benachrichtigt hatte und die dieser sorgfältig bewachen sollte.
Dr. Foley informierte mich, er habe gesehen, wie einige der Fossilien in große Glasgefäße verpackt und so in die Feldkisten verstaut worden seien. Als ich jedoch etwas später mit Mrs. Taschdjian, Weidenreichs Sekretärin, die an der Verpackung der Fossilien teilgenommen hatte, sprach, erinnerte sie sich nicht daran, daß bei der Verpackung Glasgefäße verwendet worden seien. Ihrer Erinnerung nach waren die wertvollen Stücke sorgfältig in loses Verpackungsmaterial gebettet worden. Obwohl es wirklich nicht so wichtig sein mag, wie die Fossilien verpackt wurden, erstaunte mich doch diese Diskrepanz. Dr. Foley hatte nicht persönlich an der Verpackung teilgenommen, deshalb neige ich zu der Ansicht, daß seine Schilderung auf einem Hörensagen beruhte. Wieder einmal war eine Spur im Sand verlaufen.
Eigenartigerweise fand ich aber in der Ausgabe der New York Times vom 4. Januar 1952 einen Artikel über den Verlust der Fossilien, in dem der Reporter Charles Grutzner feststellt:

„... ein Bericht lautet, daß die Knochen in Glasgefäßen verpackt wurden. Diese wurden dann sorgfältig in zwei als ‚Offizierskleidung' deklarierten Kisten mit dem anderen Gepäck der Marineinfanteristen auf dem Zug verladen."

Woher der Reporter der Times die Beschreibung erhalten hatte, ist nicht klar, etwa um die gleiche Zeit gab jedoch J. J. Markey der Presse eine ähnliche Schilderung. Meiner eigenen Erfahrung nach wäre eine Verpackung solcher Exemplare in Glasgefäße sehr ungewöhnlich gewesen.

Etwas später in seiner Erzählung erwähnte Dr. Foley eine weitere Feldkiste mit dem Namen Oberst Ashursts, er glaubte, daß diese Kisten ebenfalls Fossilien enthalten habe. Ich konnte dafür aber keine Bestätigung erhalten, und Davis erwähnte keine Kiste, die Ashursts Namen getragen hatte. Vielleicht ist das aber auch nicht von Bedeutung

Am Tag des Kriegsausbruchs – am 8. Dezember – wurde Dr. Foley sofort gefangengenommen. Zuerst wurde er in die Kaserne der Marineinfanterie geschafft, nach einer Woche etwa gestattete man ihm jedoch, in seine Wohnung im britischen Viertel in Tientsin zurückzukehren. Zuerst gewährte man ihm einen halbdiplomatischen Status, der ihm die Möglichkeit gab, sich frei in der Stadt zu bewegen. Ihre Grenzen durfte er allerdings nicht verlassen. Das dauerte etwa eine Woche, und während er diesen privilegierten Arrest genoß, erhielt er seine Kisten aus Camp Holcomb mit den Fossilien aus Peking genauso wie sein persönliches Gepäck. Offensichtlich waren alle intakt und nicht geöffnet worden. Ich fragte Dr. Foley, warum die Kisten, die seinen Namen trugen, so behandelt worden seien, während die, die den anderen Marineinfanteristen in Camp Holcomb gehörten, geöffnet, durchsucht und ihr Inhalt durcheinandergeworfen worden sei. Er erwiderte, als er die Kisten mit seiner persönlichen Habe geöffnet habe, hätte er festgestellt, daß mehrere Schädel, die er als anatomische Studienexemplare aufbewahrt hatte, sowie eine chinesische Buddhafigur gefehlt hätten. Die Feldkisten, die ihm aus Peking zugeschickt worden seien, habe er nicht geöffnet. Die Tatsache, daß die Kisten ihm und nicht der Marineinfanterie zugeschickt worden seien, schrieb er der üblichen japanischen Höflichkeit und dem Respekt vor seinem Dienstrang zu.

Da er eine lange Gefangenschaft zu erwarten hatte (sie begann tatsächlich bald darauf und dauerte vier Jahre), beschloß Dr. Foley, die Peking-Kisten an verschiedenen Orten aufzubewahren. Einige gingen an das Schweizer Warenhaus und an das Pasteur-Institut, beide in Tientsin, einige kamen in die Obhut von zwei chinesischen Freunden, auf die er sich verlassen zu können glaubte.

An diesem Punkt zeigt sich eine Diskrepanz, die vielleicht den Streichen zuzuschreiben ist, die einem das Gedächtnis nach dreißig Jahren spielt. Nach der Art, wie Dr. Foley die Verteilung schildert, müßten es wenigstens vier Kisten gewesen sein. Zu dieser Zahl wäre dann noch eine fünfte gekommen – die Kiste mit Oberst Ashursts Namen, die Dr. Foley zufolge, ebenfalls Fossilien enthalten hat. Mrs. Taschdjian erinnert sich aber sehr bestimmt daran, daß nur zwei Feldkisten für die Verpackung verwendet worden sind. Dr. Pei spricht in seinen Erinnerungen ebenfalls nur von zwei Kisten. Wenn man in Betracht zieht, daß die Fossilien hauptsächlich aus Bruchstükken von Schädelknochen, Zähnen und einigen langen Knochen bestand, könnte man doch annehmen, daß zwei Kisten ausgereicht hätten, um das Ganze aufzunehmen.

Es ist natürlich durchaus möglich, daß schließlich mehr als nur die Relikte des Pekingmenschen zur Verschickung aus dem Land verpackt wurden. So ist es bekannt, daß das „Material aus der oberen Höhle“ ebenfalls entfernt wurde und daß auch andere zur Sache gehörige Dinge aus dem Land gebracht werden sollten. Außerdem erwähnt ein Bericht, man habe auch „äußerst wertvolle Dokumente“ der US-Botschaft hinzugefügt.

Als Oberst Ashurst, Dr. Foley und andere ihren diplomatischen Status verloren, machte man sie zu Kriegsgefangenen. Sie wurden alle in ein Kriegsgefangenenlager in der Nähe von Shanghai gebracht. Sie nahmen ihr Gepäck dorthin mit, darunter auch die eine Kiste, die, wie Dr. Foley behauptet, Oberst Ashursts Namen trug. Aus irgendeinem Grund, den ich nicht erklären kann, war Ashurst, Dr. Foley zufolge, überzeugt, daß diese Feldkiste die wichtigsten Fossilien enthielt. Soweit ich weiß, nahm der Oberst nicht an der Verpackung der Kisten teil und nach seinem Ruf zu urteilen, war er schwerlich der Mann, der ein starkes Interesse an den fossilen Relikten gezeigt hätte. Er war Sportsmann mit wenig Interesse für die künstlerischen oder wissenschaftlichen Schätze Chinas. Und doch betonte Dr. Foley Ashursts starkes Verantwortungsgefühl für die Sicherheit dieser besonderen Kiste. Es ist durchaus möglich, daß Dr. Houghton oder unsere Botschaft ihm die Bedeutung seines Auftrags, die Fossilien in Sicherheit zu bringen, sehr eindringlich klargemacht haben.

Als Ashurst und Foley im Gefangenenlager ankamen, gelang es ihnen, die Feldkisten selbst unter Kontrolle zu behalten und zu verhindern, daß sie geöffnet und durchsucht wurden. Später wurde die Gruppe Marineinfanterie-Offiziere, zu der auch Ashurst und Dr. Foley gehörten, in ein anderes Gefangenenlager in Chung Wan, etwas näher bei Shanghai, verlegt, und wieder konnten sie die Kiste erfolgreich vor den Routineinspektionen schützen, die bei einem Lagerwechsel sehr leicht möglich war.

Im Juni 1945 schließlich wurden die Gefangenen und ihre Habseligkeiten abermals verlegt, dieses Mal nach Fungtai in der Nähe von Peking. Wieder gelang es ihnen, die Kiste, die vermutlich die Fossilien enthielt, vor einer Inspektion zu retten. In der Rückschau erscheint dieser dreimalige Erfolg geradezu wie ein Wunder. Dr. Foley schilderte aber sehr überzeugend die Kriegslisten, die sie dabei anwendeten.

Nach all diesen Erfolgen ist es tragisch, wenn man erzählen muß, daß die Kiste, die so viele Transporte und so viele Gefahren überstanden hatte, bei Kriegsende doch mit all ihren Geheimnissen verschwand. Dr. Foley zufolge sah er sie zum letzten Mal, als er und Oberst Ashurst sich trennen mußten; er selbst wurde in eine verlassene Erzgrube im nördlichen Japan geschickt, Ashurst aber nach Hokkaido. Dort blieben sie, bis sie schließlich in die Heimat zurückkehren konnten.

Oberst Ashurst starb einige Jahre nach dem Krieg. So weit ich feststellen konnte, hinterließ er keinen offiziellen Bericht, der erklärt hätte, was mit der Feldkiste geschehen war. Auch Dr. Foley reichte keinen Bericht ein. Als ich ihn fragte, warum er das nicht getan hatte, gab er mir eine durchaus vernünftig klingende Erklärung. Er war der rangjüngere Offizier, Oberst Ashurst sein Vorgesetzter. Es hätte der militärischen Etikette nicht entsprochen, wenn er sich angemaßt hätte, einen Bericht einzureichen, den man eigentlich von seinem Vorgesetzten erwartet hätte. Warum Ashurst selbst keinen Bericht abgab, ist heute schwer zu entscheiden. Wahrscheinlich gehörte die ganze Angelegenheit bestimmt nicht zu seinen normalen Dienstpflichten. Die Episode war insgeheim zwischen der US-Botschaft und dem Vereinigten Medizinischen Peking-College vereinbart worden. Man hatte Ashurst in einer nichtmilitärischen Eigenschaft um Hilfe gebeten und es ist höchst zweifelhaft, ob er aus Washington je den Befehl erhielt, die Rolle zu übernehmen, die er dann spielte.

Natürlich sind das alles reine Vermutungen, sie helfen aber vielleicht, teilweise das merkwürdige Schweigen und das Geheimnis zu erklären, die das Verschwinden dieser berühmten Fossilien umgab.

Es gelang mir, einen einzigen Bericht über die ganze Angelegenheit, so wie sie vermutlich Oberst Ashurst sah, auszugraben. Ich fand ihn in einem Artikel von Robert K. Plumb in der Ausgabe der New York Times vom 5. Januar 1952; er beginnt wie folgt: „Die originalen Überreste des prähistorischen Pekingmenschen, eines der größten Schätze der Naturgeschichte, befanden sich zuletzt im Besitz von Oberst William W. Ashurst vom Marinekorps, der die Abteilung Marineinfanterie der amerikanischen Botschaft in Peiping [Peking] befehligte, als sie am 7. Dezember 1941 von den Japanern gefangen genommen wurde ... Oberst Ashurst, der jetzt als Brigadegeneral außer Dienst im Süden lebt, sagte, die Relikte seien ihm persönlich durch Dr. Henry B. Houghton, einen Amerikaner, übergeben worden, der 1941 Präsident der Vereinigten Medizinischen Peiping [Peking] Colleges war.

Oberst Ashurst sagte weiter, seine Instruktion hätte gelautet, die Knochen als ‚Geheimmaterial' zu behandeln. Er hat die Kisten nicht geöffnet, man hatte ihm aber gesagt, daß sie die Überreste des Pekingmenschen enthielten. ... Auf das Drängen der Chinesen brachte Dr. Houghton die verpackten Relikte zu Oberst Ashurst. ... Oberst Ashurst sagte, daß sie in einem Sonderzug nach Chingwangtao geschickt worden seien.

Der Zug verließ Peiping am 5. Dezember 1941 um 5 Uhr morgens, er wurde von neun Marineinfanteristen bewacht. Er langte sicher in dem 320 Kilometer entfernten Chingwangtao an, wo er auf die President Harrison warten sollte.

In der Zwischenzeit schlugen die Japaner gegen Pearl Harbor los und binnen weniger Stunden waren alle Amerikaner in Nordchina gefangen. Die Botschaftsangehörigen sowie die Marineinfanterieabteilung einschließlich Oberst Ashursts wurden alle in Peking festgenommen. Der Dampfer President Harrison, der, um ihn nicht in Feindeshand geraten zu lassen, auf Grund gesetzt wurde, wurde später von den Japanern wieder flottgemacht und repariert; noch später wurde das Schiff bei seiner ersten Fahrt unter japanischer Flagge von einem amerikanischen Unterseeboot versenkt.

... Oberst Ashurst sagte, daß der Zug mit intakter Ladung in Chingwangtao von den Japanern erbeutet worden sei."

Diese Geschichte steht in offensichtlichem Widerspruch zu Mr. Davis persönlichen Erinnerungen, daß er die Kisten geholt und sie in seinem eigenen Zimmer gestapelt habe. Da sich Oberst Ashurst damals in Peking befand, ist es durchaus möglich, daß er falsch oder überhaupt nicht informiert wurde.

Plumb erzählt seine Geschichte weiter, so wie er sie von Oberst Ashurst erfuhr: „Die neun Mann starke Wache aus Marineinfanteristen wurden binnen weniger Tage nach Peiping [Peking] zurückgeschickt; Oberst Ashurst kam schließlich mit 250 Mann seines Nordchina-Kommandos in Kriegsgefangenenlager in Japan. Der Oberst wurde am 12. September 1945 von amerikanischen Truppen befreit."

Der Aufenthalt in Kriegsgefangenenlagern in China, ehe Ashurst nach Japan geschickt wurde, wird in diesem Bericht nicht erwähnt.

In einem gekürzten Zeitungsartikel ist das natürlich verständlich. Verblüffender ist allerdings das Ende von Oberst Ashursts Geschichte, so wie sie Mr. Plumb berichtet: „Mit der Verantwortung für seine gefangenen Untergebenen belastet, erfuhr Oberst Ashurst erst verspätet, was mit dem Zug geschehen war. Er hörte schließlich, daß die Japaner Millionen Schuß Munition herausgeholt und praktisch alles durchstöbert haben. ‚Vielleicht haben sie die Relikte gefunden und ganz einfach weggeworfen wie Lebensmittelbüchsen. Die Japaner hatten keine Verwendung für unsere Verpflegung, die sie erbeuteten, deshalb warfen sie sie einfach weg.

Die Pekingrelikte sahen sicher nicht sehr großartig aus. Ich wurde mir selbst kaum bewußt, was sie waren. Vielleicht behielten die Japaner damals nur das, was ihnen nützlich war, und warfen alles andere weg."

Augenscheinlich dürfte Davis' Bericht zuverlässiger sein, da er im Camp Holcomb anwesend war, als die Kisten eintrafen, und weil er sie persönlich in sein Zimmer bringen ließ. Die Informationen Oberst Ashursts andererseits stammten aus zweiter Hand und seine Schlußfolgerungen hinsichtlich des Schicksals der Kisten erscheinen weniger zuverlässig. Die Möglichkeit, daß die japanischen Soldaten die Feldkisten in Davis' Zimmer geöffnet haben könnten und die Fossilien wegwarfen, ist nach allen Hinweisen, die ich erhalten habe, keineswegs auszuschließen; es ist aber unwahrscheinlich, daß sich die Sache so abspielte, wie es Oberst Ashurst geschildert hat.

Etwas schwieriger zu beantworten ist die Frage, warum der Oberst nicht erwähnt hat, wie er die Feldkiste, die vermutlich die Fossilien enthielt, während seiner Gefangenschaft aufbewahrt hat. Wie Plumb die Geschichte erzählt, hat Ashurst augenscheinlich nichts von den Kisten mit den Fossilien gesehen, nachdem sie in Peking in den Zug verladen wurden, um nach Camp Holcomb in Chingwangtao gebracht zu werden.

Als ich Dr. Foleys Geschichte über den Verlust der Fossilien erhielt, beschloß ich, sie in einem Artikel für Natural History zu veröffentlichen. Obwohl ich nichts über den Verbleib der Fossilien erfahren hatte, besaß ich doch einen Bericht aus erster Hand über die Umstände, die zu ihrem Verlust geführt hatten. Damit waren wenigstens einige der zahlreichen unbegründeten Gerüchte erledigt. Ich wußte, daß dieser Bericht für die wissenschaftliche Welt, die sich für den Pekingmenschen interessierte, von größter Bedeutung war.

Ehe der Artikel in der November-Ausgabe 1971 erschien, ließ ich einige Vorabdrucke aus Höflichkeit an die Chinesen schikken, so daß sie darüber informiert wurden, was jetzt ans Licht kam. Der Auslandssekretär unserer Nationalen Akademie der Wissenschaften brachte es zuwege, daß die Exemplare durch die freundliche Mithilfe eines der Mitglieder des Stabs überbracht wurden, der Dr. Kissinger auf seinem Besuch in China begleitete.

Die Veröffentlichung des Artikels erweckte in der Presse große Aufmerksamkeit; die New York Times, die den einzelnen

Episoden in der Geschichte des Pekingmenschen schon immer große Beachtung geschenkt hatte, veröffentlichte eine relativ ausführliche Geschichte, die die Hauptaspekte meines Artikels und die Bemerkungen behandelte, die ich bei einer Pressekonferenz gemacht hatte.

Obwohl ich keinerlei Nachricht darüber erhielt, ob meine Vorabdruckexemplare die Chinesen erreicht hatten oder nicht, nahm ich doch an, daß das der Fall war. Rückblickend scheint es sehr natürlich zu sein, daß der Artikel in der New York Times in China in Umlauf gebracht wurde. Er weckte in der Tat sehr großes Interesse und viele Wochen lang erhielt ich von Gelehrten aus der ganzen Welt Briefe, ich solle ihnen einen Abdruck zusenden.

Nach der anfänglichen Aufregung trat aber bald wieder Ruhe ein. Ich hatte im Stillen gehofft, aus China einen Hinweis darauf zu erhalten, daß die Paläontologen oder Anthropologen dort daran interessiert sein würden, den Hinweisen zu folgen, die ihnen Dr. Foleys Bericht gegeben hatte. Die Reaktion war aber nur Schweigen.

Letzten Endes war es gerade die Zeit, in der vorsichtig tastende diplomatische Verhandlungen stattfanden; es schien unangemessen, daß man zu einer derartigen Zeit aus China Nachrichten dieser Art erhalten wollte oder sie selbst hätte verfolgen können. Auf jeden Fall hatte ich mich mehr oder weniger in die Tatsache geschickt, daß sich in nächster Zeit nichts ereignen würde, das mit dem Pekingmenschen in Beziehung stand.

# 7 Die Suche beginnt von neuem

Etwa sechs Monate nach der Veröffentlichung von „Die seltsame unbeendete Saga vom Pekingmenschen“ erhielt ich im Frühsommer 1972 den Anruf eines mir unbekannten Mannes. Am Apparat war ein Mr. Christopher Janus, der eben aus China zurückgekehrt war. Aus dem Anruf ging hervor, daß er wegen des Pekingmenschen erregt war und mir eine wichtige Mitteilung machen wollte. Er schlug vor, daß wir uns zum Lunch treffen sollten. Dann erzählte er mir folgende Geschichte:

Janus, ein Makler und Geschäftsmann aus Chicago, hatte vor einigen Jahren eine Organisation „The Greek Heritage-Foundation“ (Stiftung Griechisches Erbe) gegründet. Die Organisation hatte den Zweck, Kulturreisen in verschiedene Teile der Welt zu organisieren und durchzuführen, die wichtige Gegenstände antiker Kunst und interessante Bauwerke aufzuweisen hatten oder wo andere Aspekte vergangener Kulturen erhalten geblieben waren. Alljährlich versammelte sich eine Gruppe von interessierten Personen aus dem ganzen Land und unternahmen eine Tour von drei bis vier Wochen in das ausgesuchte Gebiet. Früher, so erzählte mir Mr. Janus, hatte er so bereits den Nahen Osten, Griechenland und Südamerika besucht. Als Präsident Nixon und Henry Kissinger mit den Chinesen konferierten und die Aussichten auf eine Entspannung immer besser wurden, war Mr. Janus der Gedanke gekommen, daß eine Kulturreise nach China für viele Amerikaner sicher sehr verlockend sein würde; falls die „Greek Heritage Foundation“ es zuwege brächte, eine solche Reise zu arrangieren, so wäre das sicherlich ein sehr wünschenswertes Unternehmen.

Bei der Vorbereitung dieses Planes unternahm Janus im Mai 1972 eine Reise nach China. Während er in Peking war und die vorgesehene Reise mit den chinesischen Beamten erörterte, hörte er von einem kürzlich in Chou Kou Tien neu errichteten Museum.

Damals war Mr. Janus mit der Geschichte des Pekingmenschen noch nicht sehr vertraut und wußte noch weniger über die wissenschaftlichen Hintergründe. Die Eröffnung eines neuen Museums so nahe bei Peking hatte jedoch sein Interesse wegen einer möglichen Ergänzung seiner Reisepläne geweckt.

Janus erzählte mir, daß er bei seinem Besuch in dem Museum dessen Direktor kennenlernte, der sehr schnell mit einem Bericht über den tragischen Verlust der Fossilien begann. Dann bat er Mr. Janus mit beträchtlicher Leidenschaft und Hartnäckigkeit, die Amerikaner zu überreden, bei der Wiedergewinnung dieser Schätze zu helfen. Es ist nicht ganz klar, wie das gemeint war. Vielmehr deutete er nur auf die Möglichkeit hin, daß amerikanische Wissenschaftler mit der Rückendekkung durch amerikanisches Geld helfen könnten.

Hier stellt sich natürlich die Frage, warum chinesische Wissenschaftler, die sozusagen an Ort und Stelle waren, nicht ebensoviel – wenn nicht sogar mehr – erreichen konnten als Ausländer. Andererseits wollte er aber auch vielleicht unterstellen, daß einige Amerikaner – auf irgendeine Art ohne Kenntnis der wissenschaftlichen Welt – sich insgeheim und illegal mit den Fossilien aus dem Staube gemacht hätten und daß diese möglicherweise in den Vereinigten Staaten oder an einem anderen Ort zu finden seien, der den Amerikanern, nicht aber den Festlandchinesen zugänglich war. Janus, der die Einzelheiten des Verlusts nicht kannte, war nicht in der Lage, weitere Informationen zu erhalten.

Janus war jedoch überzeugt worden von der Wichtigkeit und dem emotionellen Wert, den die Fossilien für die Chinesen besaßen; er war daher fest entschlossen, nach seiner Rückkehr in die Vereinigten Staaten das ihm Mögliche zu unternehmen. Zu diesem Zeitpunkt war er sich nicht einmal der näheren Umstände des Verlusts noch der widersprüchlichen Berichte bewußt, die in Umlauf gesetzt worden waren. Er hatte auch keine Ahnung von den seltsamen verwirrenden Hinweisen, den frustrierenden Interviews und den nutzlosen Reisen, die ihn noch beschäftigen sollten.

Zu den ersten Schritten nach seiner Rückkehr in die Staaten gehörte eine Pressekonferenz über seinen Besuch in China. Dabei gab er bekannt, daß er eine Belohnung von $ 5000,– für Informationen zahlen wolle, die zur Wiederauffindung der Fossilien führten. Als ich Janus zum ersten Mal begegnete, hatte er dieses Angebot bereits bekanntgegeben. Meine ursprüngliche Reaktion war entschieden negativ, weil eine derartige Erklärung unweigerlich eine Flut von Briefen und Anrufen – selbst von Verrückten – nach sich ziehen würde.

Außerdem war es nach den Informationen, die ich von Dr. Foley erhalten hatte, höchst unwahrscheinlich, daß die Fossilien erkannt und insgeheim aus China geschafft worden waren. Auch deshalb war ich im Hinblick auf einen Erfolg mit dieser Art Strategie sehr pessimistisch.

Falls sich die Möglichkeit bot, war ich dafür, nach China zu gehen und mit Hilfe der chinesischen Kollegen die Odyssee der Feldkisten zurückzuverfolgen. Vielleicht bot sich eine geringe Chance, daß das Pasteur-Institut oder das Schweizer Warenhaus noch die eine oder andere Kiste, die Dr. Foley seiner Erinnerung nach dort untergebracht hatte, in einem stillen Winkel verstaut hatte. Weniger wahrscheinlich war eine Suche in den Abfallhalden von Camp Holcomb, trotzdem durfte man, um ja keine Möglichkeit zu übersehen, sie nicht völlig aus den Augen lassen.

Als ich meine Zweifel wegen der Belohnung aussprach, gab Janus zu, daß er tatsächlich von Hunderten von Briefen aus dem ganzen Land überschwemmt worden sei. Viele waren sehr merkwürdig und offensichtlich nicht ernst zu nehmen. Er sagte jedoch, daß zwei oder drei auf den ersten Blick interessant gewesen seien und daß er die Absicht habe, diesen Tips nachzugehen.

Im weiteren Verlauf des Gesprächs sagte Janus, daß er während seines Aufenthalts in Peking eine Reise von dreißig bis vierzig Personen unter der Ägide der „Greek Heritage-Foundation" arrangiert habe. Die Reise sollte im Oktober stattfinden. Janus lud mich ein, mich der Reisegruppe anzuschließen und wenn möglich die Hinweise zu überprüfen, die ich von Dr. Foley erhalten hatte.

Natürlich war ich sehr erpicht darauf und begeistert über diese Gelegenheit. Ich hatte das Gefühl, daß ich eine gewisse Verantwortung hatte und wenn irgendmöglich etwas unternehmen sollte. Wenn mein Eingreifen zur Wiedergewinnung auch nur eines kleinen Teils der Fossilien führte, war das wenigstens ein Beitrag, den ich persönlich geleistet hatte. Dabei helfen zu können, die Relikte dorthin zurückzubringen, wohin sie gehörten, wäre mir eine große Freude gewesen.

Kurze Zeit nach dieser ersten Begegnung mit Janus traf ich ihn wieder, als er auf einer Geschäftsreise nach New York kam; dabei erzählte er mir von einem merkwürdigen Abenteuer, das er erlebt hatte. Unter den Antworten, die er auf sein Angebot erhalten hatte, hatten sich wie gesagt drei befunden, die einer besonderen Beachtung wert erschienen. Eine stammte von einem ehemaligen Marineoffizier, eine weitere von einem chinesischen Geschäftsmann aus der Gegend der Wall Street. Beide behaupteten, wertvolle Informationen zu besitzen, die zur Wiederauffindung der Fossilien führen könnten. Die dritte Nachricht hingegen war ein Telefonanruf von einer Dame, die erklärte, sie besitze die Fossilien.

Natürlich wollte Janus diesem Hinweis nachgehen, er schlug ihr sofort ein Zusammentreffen vor, um die Angelegenheit zu besprechen. Er schlug mehrere Plätze vor, die sich für ein Treffen geignet hätten. Diese Vorschläge wurden jedoch sämtlich abgelehnt. Janus war schon etwas ratlos, welchen Ort er nennen könnte, der der Dame paßt; er meinte daher, sie solle selbst einen Vorschlag machen.

Zu seiner Überraschung erwiderte sie sofort, sie sollten sich in dem Observatorium im 102. Stockwerk des Empire State Building an der Fifth Avenue und der 34th Street in New York City treffen. Obwohl ihm diese Wahl sehr merkwürdig vorkam, stimmte Janus zu, und man verabredete dann den Tag und die Stunde.

Zum verabredeten Zeitpunkt ging Janus zum Empire State Building. Als er mit dem Aufzug nach oben fuhr, erwartete er eigentlich nicht, seine geheimnisvolle Anruferin zu treffen. Das Observatorium im 102. Stock ist ein beliebter Aussichtspunkt, der einen prachtvollen Panoramablick auf New York und an einem klaren Tag auch über die Flüsse, den Hafen und die Umgebung in New Jersey und Long Island gewährt. Das Observatorium wird besonders gern von Touristen besucht, gewöhnlich findet man dort eine Menge Leute, die alle mit Fotoapparaten bewaffnet sind.

Als Janus eintraf, stellte er zu seiner Überraschung fest, daß die Dame bereits anwesend war. Ich nehme an, daß sie ein Zeichen vereinbart hatten, um sich zu erkennen. Janus beschrieb sie als gutaussehende Frau Ende Vierzig. Die Geschichte, die sie ihm erzählte, war im wesentlich die folgende.

Nach dem Krieg war ihr – inzwischen verstorbener – Mann mit einer Kiste aus China zurückgekommen, die er seine „Kriegsbeute“ nannte. Diese Kiste enthielt die Fossilien. Er hatte seiner Frau wiederholt erklärt, daß die Sache sehr gefährlich, aber auch eine Menge Geld wert sei. Er hatte sie auch eindringlich gewarnt, und zur Vorsicht ermahnt, damit sie nicht durch diese Geschichte in ernste Schwierigkeiten gerate.

Dann zeigte die Dame Janus eine Photographie des Inhalts der Kiste, um zu beweisen, daß sie die Fossilien tatsächlich besaß.

Da Janus mit dem Material keinerlei Erfahrung hatte, konnte er natürlich nicht erkennen, ob es wirklich die gesuchten Fossilien waren, wie das die geheimnisvolle und immer noch anonyme Dame behauptete. Als er mir die Sache erzählte, erklärte er, daß unten im Kasten Knochen gelegen hätten: das war allerdings noch lange kein Beweis dafür, daß etwas davon zu den Relikten des echten Pekingmenschen gehörte.
Mitten im Gespräch nahm die Dame plötzlich ihr Foto und eilte fast im Laufschritt auf den Aufzug zu. Janus sagte, sie sei in geradezu panischem Entsetzen gewesen. Er folgte ihr schnell, und als sie zusammen mit dem Aufzug hinunterfuhren, fragte er sie nach dem Grund für ihre plötzliche Flucht.
„Haben Sie die Leute mit der Kamera nicht gesehen? Sie wollten mich eben fotografieren." Die Leute, auf die sie sich bezog, waren die Touristen, die man normalerweise in dem Aussichtsraum des Empire State Building antreffen konnte. Daß sie Kameras bei sich hatten und besondere Sehenswürdigkeiten aufnehmen wollten, war eine völlig normale Sache. Augenscheinlich hatten die Warnungen ihres Mannes die Dame aber so beeindruckt, daß sie nun außer sich vor Angst war. Sie vermutete wahrscheinlich gefährliche Manöver und Verschwörungen gegen sich. Das Auftauchen einer Kamera in den Händen eines unschuldigen Touristen war ihr wahrscheinlich als Versuch erschienen, Beweise zu sammeln, die gegen sie verwendet werden könnten.
Doch erklärte sie sich noch im Lift damit einverstanden, Janus in einigen Tagen anzurufen und die Unterhaltung fortzusetzen. Als Janus mir von dieser Episode berichtete, hatte er jedoch noch keine Nachricht von ihr erhalten. Meines Erachtens war er zu diesem Zeitpunkt nicht mehr recht überzeugt davon, daß er auf einer heißen Spur war. Wir waren uns einig, daß das Foto von dem Kasten mit den Knochenfragmenten sehr leicht gefälscht sein konnte. In meinen Reaktionen auf die Geschichte war das sicherlich der dominierende Gedanke.

Der überraschende und für mich geradezu niederschmetternde Aspekt der Sache war allerdings etwas anderes, nämlich die Tatsache, daß die Dame nicht weniger als $ 500 000 für die Rückgabe der Fossilien forderte. Zweifellos hatte sie das gemeint, als sie von der „Kriegsbeute" und davon sprach, ihr Mann hätte immer wieder betont, wie außerordentlich gefährlich die Knochen seien. Bald darauf wurde die Geschichte mit der Lösegeldforderung an die Presse weitergegeben und im ganzen Lande veröffentlicht.

Ich hatte gleich ein etwas unbehagliches Gefühl wegen dieser Art von Publicity. Ich fürchtete, daß das zu einer ganzen Flut ähnlicher Ereignisse führen könnte, zu Diebstählen anderer wertvoller Fossilien mit der Forderung von riesigen Geldsummen für ihre Rückgabe. Letzten Endes war es die erfolgreiche Entführung eines einzigen Flugzeugs gewesen, die eine Unzahl von anderen zur Folge gehabt hat, eine Erpressermethode, die heute noch kein Ende gefunden hat – in immer wachsenden Größenordnungen und einem sich immer erweiternden Bereich der Forderungen.

Deshalb drängte ich darauf, bei weiteren Bekanntgaben an die Presse das Lösegeld nicht mehr zu erwähnen. Einmal gelang es mir auch, einen verantwortungsbewußten Reporter dazu zu bringen, auf eine Erwähnung des Lösegelds in einem wichtigen Artikel zu verzichten, obwohl er genau mit der Geschichte vertraut war. In meinem eigenen Bericht über die Geschichte des Pekingmenschen und sein Verschwinden sah ich mich mit der Frage konfrontiert, entweder den Bericht über die Lösegeldforderungen zu übergehen oder die Geschichte so zu erzählen, wie sie sich tatsächlich ereignet hatte. Damit nahm ich aber das Risiko auf mich, auf dessen Vermeidung ich früher gedrängt hatte.

Meine Entscheidung wurde durch mehrere Überlegungen beeinflußt. Erstens einmal fühlte ich eine moralische Verpflichtung, die Geschichte des Pekingmenschen vor und nach seiner

Entdeckung zu erzählen und dabei alle Informationen bekanntzugeben, die mir zugänglich waren. Man kann nie die Bedürfnisse zukünftiger Gelehrter im voraus erkennen. Für jeden verantwortungsbewußten Autor ist es aber eine Pflicht, alle Fakten darzubieten, die einmal wichtig sein könnten. Da zudem die Lösegeldforderungen weithin bekannt waren, hätte mein Schweigen zweifellos keine erkennbare Wirkung gehabt. All das wurde – noch während ich das Buch schreibe – durch die Diskussion darüber verstärkt, daß Geld angeboten und erbeten wurde, um die Rückgabe der Fossilien sicherzustellen.

Obwohl ich starke Zweifel hinsichtlich der Behauptung der Dame hegte, sie habe die Knochenrelikte des Pekingmenschen in ihrem Besitz, schlug ich Janus vor, er solle sie bei erneutem Gespräch um die Erlaubnis bitten, daß ich diese Relikte untersuchen könne. Falls das nicht gelang, sollte er sich eine Kopie des Fotos verschaffen, das sie ihm gezeigt hatte.

Mehrere Wochen verstrichen, die geheimnisvolle Dame tauchte jedoch nicht wieder auf, auch rief sie Janus nicht wieder an, wie sie es versprochen hatte.

Nachdem Janus eine angemessene Zeit gewartet hatte, setzte er ein Inserat in die Spalte „Persönliches“ der New York Times. Adressiert war das Inserat an die „Dame, die mich im Empire State Building getroffen hat“. Er bat sie darin, ihn unter einer bestimmten Telefonnummer anzurufen.

Nach zwei Tagen rief sie tatsächlich an. Als er ihr dabei vorschlug, mir die Untersuchung der Fossilien zu gestatten, lehnte sie augenscheinlich nicht entschieden ab, stellte aber eine ganze Reihe schwieriger Bedingungen, die eine Untersuchung praktisch unmöglich machten. Als Mr. Janus sie um ein Foto bat, erklärte sie sich bereit, ihm eines zu schicken.

Bald darauf erhielt Mr. Janus eine Kopie des Fotos und sandte mir umgehend ein Duplikat. Natürlich untersuchte ich das Bild mit dem größten Interesse. Obwohl es keineswegs befriedigend war, zeigte es doch deutlich genug einen großen schwarz aussehenden Kasten, dessen Deckel entfernt war. Die Blickrichtung war genau nach unten, so daß man den Inhalt sehen konnte. Am Boden des Kastens waren Skelettknochen verstreut, keiner jedoch sah so aus, als ob er zu dem Pekingmenschen gehöre. Tatsächlich waren darunter einige Skelettreste, wie man sie in Chou Kou Tien nie aufgefunden hatte. Inmitten all des Knochenabfalls befand sich jedoch ein Schädel, der mich interessierte. Man konnte sein Oberteil sehen – und obwohl die Qualität des Fotos für die Art von Untersuchung, die ich vornehmen wollte, viel zu wünschen übrig ließ – machte die allgemeine Form und die Gestalt des Schädels ein genaueres Studium wünschenswert. Darauf studierte ich das Foto unter einem Mikroskop, weil ich hoffte, auf diese Weise anatomische Einzelheiten erkennen zu können, die dem bloßen Auge nicht völlig klar geworden waren. Trotz der minderen Qualität des Bildes konnte ich jetzt immerhin etwas erkennen, was mir wie eine typisch *sinanthropische* Stirn erschien, mit starken Überaugenwülsten. Mehr noch: das Hinterhaupt war ebenfalls für den *Sinanthropus*-Schädel charakteristisch: von oben gesehen fiel auf, wie flach es war. Nach all meiner Erfahrung sah der Schädel in dem Kasten sicherlich nicht so aus, als ob er einem *Homo sapiens* gehöre. Natürlich war der Versuch sehr verlockend zu identifizieren, welchem der *Sinanthropus*-Schädel er am meisten glich; unter den gegebenen Umständen erschien es aber doch etwas zu riskant, das an Hand eines so armseligen Fotos zu tun. Im Augenblick jedenfalls war ich überzeugt, daß der Schädel eine so hinreichende Ähnlichkeit mit dem des Pekingmenschen aufwies, daß ich Janus zu weiteren Verhandlungen mit der Dame ermuntern konnte. Ich sagte ihm, ich sei jetzt der Ansicht, sie besitze in ihrer Knochensammlung wenigstens ein Exemplar, das sie – genauso wie den Schädel selbst – interessant machte. Mein Kommentar über den Schädel wurde von Janus in den Interviews zitiert, die er während der Verhandlungen der Presse gab. Keiner meiner Berufskollegen stellte meine Beobachtungen in Frage. Da sie kein Foto besaßen, fühlten sie sich vermutlich nicht in der Lage, selbst ein Urteil abzugeben. Ich habe aber den Verdacht, daß mich einige von ihnen doch für vorschnell hielten – obwohl ich mich sorgfältig einer spezifischen Identifizierung enthalten hatte: ich hatte den Schädel lediglich „interessant“ genannt und gesagt, er sei sicherlich einer genaueren Untersuchung wert.

Ein Jahr später hielt Janus während eines internationalen Anthropologentreffens in Chicago einen Vortrag über seine Suche nach den verschwundenen Fossilien und zwar vor einer erlesenen Zuhörerschaft, darunter einigen führenden Spezialisten in der Human-Paläontologie – vor Fachleuten also, die mit den Daten des *Sinanthropus* gründlich vertraut waren.

Unglücklicherweise konnte ich nicht an dem Treffen teilnehmen, erhielt aber Berichte sowohl von Janus wie auch von meinem alten Freund und Kollegen Professor William Howells von der Harvard-Universität über die Reaktionen auf das Foto, des Mr. Janus ihm und mehreren anderen gezeigt hatte.

Howells beschrieb, wie ihn die verstreuten Knochen in dem Kasten zuerst dazu gebracht hatten, die Behauptungen der Dame zurückzuweisen, als ihn dann jedoch Philip Tobias, ein Professor der Anatomie und eine wohlbekannte Autorität aus Südafrika, auf den Schädel aufmerksam machte, hatte er es sich doch noch einmal überlegt. Das führte zu einer intensiven Untersuchung des einen Exemplares, das ein sorgfältiges Studium nötig zu machen schien. Howells ist jetzt davon überzeugt, daß es sich tatsächlich um einen *Sinanthropus*-Schädel handelt, und tendiert dazu, ihn als Schädel Nr. XI in Weidenreichs Nomenklatur zu identifizieren.

Inmitten dieses Durcheinanders des Presserummels um die anonyme Dame, ihre Behauptungen und meine Bewertung des Schädels in der Kiste erhielt ich eines Tages die Nachricht, eine Mrs. Apperson habe in meinem Büro angerufen, als ich nicht anwesend war. Sie hatte ihre Nummer in Connecticut hinterlassen und um meinen Rückruf gebeten. Aus irgendeinem Grund war ich verhindert, das sofort zu tun. Am nächsten Tag rief sie jedoch wieder an.

Sie begann damit, daß sie sich als Mrs. Apperson vorstellte, ein Name, der mir völlig unbekannt war. Dann sagte sie: „Ich bin Wünschelrutengängerin." Meine erste Reaktion darauf war die spontane Erinnerung an einen meiner Nachbarn auf dem Land, dessen Wünschelrutentechnik bei der Auffindung von geeigneten Stellen für das Brunnengraben sehr bekannt war. Mrs. Apperson sprach sofort von ihrer Mitgliedschaft in einem nationalen Verband der Wünschelrutengänger und von ihrer Verbindung zu einigen „Professionals" auf diesem Gebiet. Um ihre Identität und ihre Sachverständigkeit ausführlicher zu dokumentieren, erwähnte sie verschiedene Unternehmungen von Wünschelrutengängern, an denen sie beteiligt gewesen war. Insbesondere beschrieb sie mit beträchtlicher Begeisterung ihre, gemeinsam mit einer Gruppe angesehener Wünschelrutengänger unternommenen Suche nach Spuren des Sasquatch in den Wäldern von Maine. Der Sasquatch ist offensichtlich das amerikanische Gegenstück zum Yeti, dem „Abscheulichen Schneemenschen", der in den Vorbergen des Himalaja umherstreifen soll.

Ich war über dieses Aufzählen ihrer Beglaubigungen und Tätigkeiten etwas verblüfft und fragte sie daher: „Warum rufen Sie mich an? Mit der Rutengängerei habe ich nichts zu tun."

„Aber ich will Ihnen doch helfen, die Dame mit den Fossilien zu finden", erwiderte sie.

Dann erklärte sie ziemlich eingehend, sie sei bei ihren Unternehmungen bei der Arbeit auf der Landkarte sehr erfolgreich gewesen. Wenn sie an einer Karte des Raums von New York arbeite, können sie die geheimnisvolle Dame genau lokalisieren. Etwas interessiert, aber keineswegs überzeugt, fragte ich sie, ob sie eine Wünschelrute aus Pfirsich- oder Apfelbaumholz verwende.

„Oh nein", erwiderte sie. „Ich habe eine aus Kunststoff." Wenn ich nach einer geeigneten Stelle zum Brunnengraben gesucht hätte, wäre ich vielleicht versucht gewesen, eine Wünschelrutengängerin zu engagieren, da mir einige meiner Freunde berichtet haben, diese unerklärliche Methode, Wasser unter der Erde festzustellen, habe sich bei ihnen als erfolgreich erwiesen. Meine Aufgeschlossenheit ging jedoch nicht so weit, daß ich es für vernünftig gehalten hätte, mit einer Wünschelrute auf der Karte nach den Fossilien des Pekingmenschen zu suchen.

Anschließend überredeten mich jedoch einige meiner Kollegen, einmal festzustellen. was Mrs. Appersons Techniken erreichen könnten. Zweimal arbeitete sie mit großer Konzentration und innerer Überzeugung an einigen Karten, die wir ihr zur Verfügung stellten: die Resultate waren jedoch leider nicht schlüssig.

In der Zwischenzeit verfolgte Janus in seiner hartnäckigen Art noch einen anderen Hinweis. Dieser kam in einem Brief, den er von Mr. Tze, dem chinesischen Geschäftsmann aus der Gegend der Wall Street, erhalten hatte. Seine Nachricht, die offensichtlich durch Janus Zeitungsappell angeregt worden war, hatte soviel Überzeugungskraft, daß es wünschenswert schien, seine Behauptungen zu überprüfen. Man vereinbarte ein Zusammentreffen, und Mr. Tze ließ Janus dabei wissen, einer seiner Freunde in Taiwan besitze die Fossilien und verlange für ihre Herausgabe eine Million Dollar. Nach ein oder zwei weiteren Zusammentreffen schlug Mr. Janus vor, ich solle Tze, der im Westchester County in New York lebte, besuchen.

Kurz darauf suchte ich Mr. Tze eines Abends auf, aber das Gespräch hatte keinerlei Erfolg. Er war anscheinend sehr aufgeregt darüber, daß man ihn mit den vermißten Fossilien in Verbindung brachte, und leugnete sofort, den Mann in Taiwan persönlich zu kennen. Seine Verbindung, so betonte er immer wieder, sei sehr entfernt und dürftig. Er kenne lediglich jemand, der den angeblichen Besitzer kannte, er selbst habe keine direkte Verbindung zu ihm. Einmal wurde er sogar sehr heftig und sagte: „Sie sind sehr naiv, Sie wissen nicht, wie gefährlich die

Sache ist.“ Dann erklärte er, jeder, der die Fossilien besitze oder ihren genauen Aufbewahrungsort kenne, schwebe in höchste Lebensgefahr.

Mein Vorschlag, wir sollten über seinen ursprünglichen Vorschlag an Mr. Janus sprechen, wurde abrupt zurückgewiesen. Nur mit Mühe gelang es mir, das Gespräch höflich zu beenden.

Während das alles vor sich ging, bereitete ich meine Reise nach China unter der Ägide der „Greek Heritage-Foundation“ vor. Die Abreise war für Oktober 1972 festgesetzt. Zusammen mit allen anderen Mitgliedern der Reisegruppe hatte ich die nötigen Formulare für ein Visum ausgefüllt und die Arrangements in meinen akademischen Verpflichtungen getroffen, um die drei Wochen, die für die Reise notwendig waren, freizubekommen.

Als das Datum näherrückte, erhielt ich Nachricht aus Chicago, die Visa seien noch nicht bearbeitet und bewilligt, es könnte daher vielleicht möglicherweise bis November dauern.

Mr. Janus hatte mit China telefoniert, um die Angelegenheit zu beschleunigen. Außerdem hatte er auch das chinesische Konsulat in Kanada aufgesucht, aber all diese Bemühungen hatten keinen Erfolg, und schließlich mußte die Reise abgesagt werden. Man schlug dann vor, daß ich an der zweiten Reise teilnehmen sollte, die für April 1973 geplant war. Wie jeder Hobbygärtner zugeben wird, war die Zeit etwas unpassend. Ich war aber bereit, meine Pläne für die Frühjahrsanpflanzung sofort aufzugeben, um China besuchen und die Hinweise auf die verlorenen Fossilien überprüfen zu können.

Auf diese Enttäuschung hin überlegte ich ernstlich eine Idee, die mir schon früher von Zeit zu Zeit gekommen war: Ich war der Meinung, daß man energischere Anstrengungen unternehmen müßte, einmal festzustellen, wer die anonyme Dame wirklich war, statt auf ihre unberechenbaren Mitteilungen zu warten.

An einem Zeitpunkt hatte ich mit Mr. Janus vereinbart, er solle ihr vorschlagen, sich doch durch einen Anwalt vertreten zu lassen. Ich war informiert worden, daß sie die Fossilien in die Obhut eines gesetzlichen Repräsentanten übergeben könnte. Sie wären dann von ihrem Standpunkt aus geschützt und unverletzlich, denn das amerikanische Gesetz bestimmt, daß Gegenstände in legalem Gewahrsam nicht beschlagnahmt werden können. Janus hatte sich inzwischen auch mit dem Außenministerium in Verbindung gesetzt; man hatte ihn davon in Kenntnis gesetzt, daß unter diesen Umständen keine Schritte gegen die Dame unternommen werden würden. Für den Fall, daß sie zustimmte, erhielt ich wahrscheinlich Zugang zu dem Kasten, um die Knochen identifizieren zu können, ohne daß dadurch ihre Anonymität oder ihr Besitz gefährdet wurden.

Soweit ich in Frage kam, konnte dann ein für allemal bestimmt werden, ob weitere Verhandlungen wünschenswert waren oder ob man sie mit reinem Gewissen abbrechen konnte, weil es sich nicht um die echten Fossilien handelte. Die Dame konsultierte einen Anwalt und Mr. Janus besprach sich mit ihr, aber auch diese Aktion führte zu keinem Resultat.

Als eine Alternative überlegte ich jetzt, wie ich in Erfahrung bringen könne, wer sie war. Eines war jedenfalls sicher, sie mußte im Raum New York wohnen. Falls sie aus einem andern Teil des Landes kam, hätte sie kaum ein Treffen im Empire State Building vorgeschlagen. Außerdem wäre es unwahrscheinlich gewesen, daß sie die Spalte „Persönliches" in der New York Times gesehen hätte, den Kanal also, durch den Mr. Janus die Verbindung mit ihr hatte wiederherstellen können. Eine weitere Schlußfolgerung war genau so offenkundig. Da sie Mr. Janus bei ihrer ersten Begegnung erklärt hatte, ihr Mann habe ihr den Kasten mit der ausdrücklichen Warnung vor dessen Gefährlichkeit und dem starken Hinweis auf seinen finanziellen Wert hinterlassen, war sie offensichtlich Witwe. Ich hielt es auch für wahrscheinlich, daß der verstorbene Gatte, wenn sie die Fossilien von ihm geerbt hatte, nur dann Zugang zu den Relikten gehabt haben konnte, wenn er zu den Marineinfanteristen gehört hatte, die am 8. Dezember 1941 in Camp Holcomb stationiert waren – vorausgesetzt, daß die Feldkisten das Camp so erreicht hatten, wie Foley und Davis berichtet hatten. Dr. Foley sagte mir, er habe die Kisten nicht geöffnet, als er sie schließlich von den Japanern erhielt, die das ganze Gepäck im Camp beschlagnahmt hatten. Und doch hatte er festgestellt, daß eine der Kisten mit seiner persönlichen Habe von den Japanern durchstöbert und daß einige der Gegenstände daraus entfernt worden waren.

Unter den vielen Möglichkeiten, die mir durch den Kopf gingen, als ich versuchte, die Umstände des Verlustes der Fossilien zu rekonstruieren, war ich wiederholt auf eine gestoßen.

Es war durchaus nicht unwahrscheinlich, daß eine oder mehrere Kisten aus Peking geöffnet und ein Teil ihres Inhalts – wenn nicht der gesamte – als wertlose Bruchstücke weggeworfen waren, da man von den japanischen Soldaten schwerlich erwarten konnte, daß sie die Bedeutung dieser Fossilien oder ihren unschätzbaren Wert erkennen würden.

Wenn sie tatsächlich weggeworfen worden waren, hätte es durchaus möglich sein können, daß einer der Marineinfanteristen sie entdeckt und als Überreste der Pekingmenschen erkannt hatte. Daß ein Marineinfanterist den Wert dieser Fossilien eher erkennen konnte als ein japanischer Soldat und daß er sie deshalb barg, klingt unwahrscheinlich, andererseits wußte ich jedoch, daß die Fossilien wenigstens einem der Marineinfanteristen gezeigt worden waren. Er kannte eines der Mädchen, die in dem Laboratorium arbeiteten und hatte einmal die Erlaubnis erhalten, die Relikte anzusehen. Da das ein ungewöhnliches Erlebnis war, ist nicht unwahrscheinlich, daß er mit seinen Kameraden darüber gesprochen und vielleicht ihren Wert übertrieben geschildert hatte. Ich neige sogar zu der Ansicht, daß die Existenz und der Wert der Fossilien einigen, wenn nicht allen Marineinfanteristen in Camp Holcomb bekannt gewesen war.

Die Hauptschwierigkeit bei dieser gedanklichen Rekonstruktion war Davis' Bericht, der eine Untersuchung der Kisten ausschloß, solange die Marineinfanteristen noch in Camp Holcomb waren. Seine Geschichte betonte ausdrücklich, daß die Marineinfanteristen sofort in ein Gefangenenlager gebracht worden seien, und daß man die Kisten erst nach ihrem Abtransport untersucht habe. Eine weitere Schwierigkeit bei dieser Hypothese war die Tatsache, daß man es den Marineinfanteristen beim Verlassen von Camp Holcomb erlaubt hatte, ein Gepäckstück mit den nötigen persönlichen Habseligkeiten mitzunehmen. Man kann sich nur schwer vorstellen, wie jemand so viele Knochen in einem Feldsack hätte verbergen können. Obwohl ich mir bei meinen Überlegungen die Umstände nicht gut vorstellen konnte, mußte ich doch wenigstens versuchsweise die Möglichkeit annehmen, daß der Mann unserer anonymen Dame ein Stück der Fossilien oder auch mehr an sich genommen hatte.

Auf der Basis der drei Hinweise, die auf die anonyme Dame hinführen konnten – wovon sie einen selbst gegeben hatte, während die beiden anderen Vermutungen waren –, konsultierte ich jetzt Herman Davis, der mir ursprünglich davon erzählt hatte, wie er die Feldkisten mit den Fossilien behandelt habe.

Mr. Davis war der Sergeant gewesen, der in Camp Holcomb das kleine Kommando Marineinfanteristen befehligt hatte. Er kannte jeden Angehörigen der kleinen Abteilung, die in Camp Holcomb stationiert gewesen und dort gefangen genommen worden waren.

Mehr noch: die enge Kameradschaft, die sich in dieser Gruppe von Männern während der Stationierung in Übersee entwickelt und durch die vier Jahre der gemeinsamen Kriegsgefangenschaft noch verstärkt hatte, hatte den Krieg überdauert und bestand auch nach der Rückkehr in die Vereinigten Staaten weiter.

Die Marineinfanteristen von Camp Holcomb haben heute einen

Verein gegründet und treffen sich alljährlich in verschiedenen Teilen des Landes. Davis war Mitglied des Vereins geblieben, er nahm an den Zusammenkünften teil und stand mit den meisten seiner ehemaligen Kameraden in enger Verbindung. Ich fragte Mr. Davis, ob sich einige der Leute im Raum von New York niedergelassen haben. Das war der Fall, und er nannte zwei, die in Long Island lebten. War einer von ihnen das, was man einen Altwarenhändler nennen konnte? Das amüsierte ihn, aber die beiden Männer in Long Island mußten sofort aus meiner Liste gestrichen werden, da sie noch lebten. Ich suchte jemand, der in den letzten Jahren gestorben war. Das warf natürlich die Frage auf, ob noch andere in die Kategorie paßten. Ein Marineinfanterist hatte sich in New Jersey niedergelassen, nahe genug an New York, so daß meine Annahme für den Wohnort auf ihn paßte. Er war vor einigen wenigen Jahren gestorben und hatte eine Witwe hinterlassen.
Mr. Davis Beschreibung seiner Interessen ließ es weiter als eine Möglichkeit erscheinen, daß ich auf der richtigen Fährte war. Davis war sich der Adresse nicht sicher, er verwies mich an einen Offizier im Marinekorps in Washington, der im Personalbüro tätig war. Auch er war in Camp Holcomb gewesen.
Jetzt schrieb ich nach Washington wegen der Adresse der Witwe und nach kurzer Zeit wurde sie mir mitgeteilt, zusammen mit der Kopie eines Briefs, der sie von meiner Anfrage informierte. Wieder einmal erkannte ich, daß ich mich als Detektiv doch ziemlich amateurhaft verhielt.
Ich hatte jetzt also eine Witwe eines Marineinfanteristen gefunden, der in Camp Holcomb war, als sich die Fossilien ebenfalls dort befanden; der den Krieg überlebt hatte, nach den Staaten zurückgekehrt war und in der Umgebung von New York gewohnt hatte. Ich erkannte, daß weitere Untersuchungen durch die Behörden durchgeführt werden mußten. Ich war nicht in der Lage, die Angelegenheit ohne ein gewisses Risiko weiter zu verfolgen.

Als nächsten Schritt wandte ich mich an das Außenministerium in Washington und bat um Rat; ich drängte auch darauf, daß etwas unternommen wurde, da die ganze Frage der Fossilien auch eine gewisse internationale Bedeutung hatte. Ich empfahl dringend, nach der anonymen Dame zu suchen und dabei die Hinweise zu benutzen, die ich zutage gefördert hatte oder andere, die man im Ministerium selbst ausfindig machen konnte. Ich regte weiter an, daß unter den gegebenen Umständen eine Einschaltung des FBI ratsam sei.

Nach mehreren Gesprächen informierte man mich schließlich, daß man die Hilfe des FBI in Anspruch genommen habe, und daß einer der Agenten mit dieser Aufgabe betraut worden sei. Aus diesen Gesprächen und früheren Fragen, die Mr. Janus gestellt hatte, stand fest, daß der Dame keinerlei gesetzliche Aktion drohe und daß die Suche nach ihr, die jetzt in Gang gesetzt wurde, lediglich den Zweck hatte, eine Verbindung mit ihr herzustellen und sie zu ersuchen, sie möge mir die Untersuchung und eventuelle Anerkennung der Fossilien gestatten. Kurz danach, im Januar 1973, suchten mich FBI-Agenten auf und baten mich um alle Hintergrundinformationen, die ich ihnen in der Sache geben könnte. Nachdem ich dann mehrere Monate nichts gehört hatte, rief ich in Washington und auch den FBI-Agenten in New York an, der die Untersuchung leitete. Die Berichte, die ich erhielt, waren ziemlich entmutigend. Die Witwe des Marineinfanteristen in New Jersey entsprach nicht der Beschreibung; soweit ich in Erfahrung bringen konnte, war kein Hinweis vorhanden, daß sie die geheimnisvolle anonyme Dame sein könnte. Obwohl das FBI seine Untersuchungen fortgesetzt und mit vielen ehemaligen Marineinfanteristen gesprochen hatte, war dabei nichts herausgekommen.

Am 23. September 1973 rief mich Mr. Janus aus Chicago an und informierte mich, daß die Reise nach Peking vielleicht doch stattfinden könne; er fragte mich, ob ich bereit sei, mich der Gruppe am 20. Oktober anzuschließen. Als ich fragte, ob die

Visa angekommen seien, lautete die Antwort nein. Trotzdem war Mr. Janus der Ansicht, wir sollten bereit sein, falls es doch noch dazu käme.

In der Zwischenzeit war jedoch eine neue Frage aufgetaucht, und er wünschte, daß ich ihn nach Möglichkeit unterstützen sollte. Vor einigen Wochen hatte er einen Brief von Gerald L. Beeman, einem weiteren ehemaligen Marineinfanteristen in Camp Holcomb, erhalten, der jetzt in Ohio lebte. Er war einer der vielen Marineinfanteristen, mit denen Janus im Verlauf seiner Suche nach den Fossilien Verbindung aufgenommen hatte. Mr. Beeman gab in seinem Brief einen Bericht über neue Informationen, die er erhalten hatte und die Mr. Janus für sehr aufregend hielt. Beeman begann seinen Bericht sehr dramatisch: „Wenn die Informationen, die ich eben erhielt, zutreffen, werden Sie die Knochen des Pekingmenschen im Nationalchinesischen Museum in Taiwan zusammen mit anderen Schätzen finden, die die Nationalisten mit sich nahmen, als sie das chinesische Festland räumten. Die Knochen werden wahrscheinlich in den ursprünglichen Kisten sein."

Als ich das las, erinnerte ich mich an das, was in Kreisen der Kenner chinesischer Kunst und Archäologie wohlbekannt war, daß nämlich Hunderte von Kisten mit chinesischer Keramik, Schnitzereien, Gemälden und den Schätzen, die in An-yan ausgegraben wurden, nach Taiwan gesandt worden waren, gerade ehe die Kommunisten Peking besetzten. Daß sich auch die Peking-Fossilien darunter befunden haben sollten, war eine völlig neue Version über das Schicksal dieser Relikte. Mr. Beeman fuhr in seinem Brief fort:

„Ich erhielt diese Version auf eine ziemlich merkwürdige Art ... auf einer Cocktail-Party, die ein japanischer Offizier gab, der, nachdem er drei Jahre lang als Verbindungsoffizier in der Wright Patterson Air Force-Basis in Dayton gedient hatte, nach Japan zurückkehren sollte. Es war der gleiche Offizier, durch den ich Informationen über japanische Soldaten, die an der Besetzung von Camp Holcomb teilgenommen hatten, erhalten wollte.

Unter den Gästen der Cocktail-Party befand sich auch ein Offizier der nationalchinesischen Armee, der ebenfalls als Verbindungsoffizier in der Air Force-Basis in Dayton diente. Er heißt Oberst Weh (Wei Ta-nien) und dient seit etwa dreißig Jahren in der Nationalchinesischen Luftwaffe. Er hat drei Kommandierungen in den Vereinigten Staaten abgeleistet einschließlich seiner Ausbildung in den ersten Jahren des Zweiten Weltkriegs.

Natürlich suchte ich ein Gespräch mit ihm, und im Verlauf der Unterhaltung deutete ich an, daß ich an der Suche nach dem Pekingmenschen beteiligt sei. Ich fragte ihn dabei, ob er wisse, was ich mit den Pekingmenschen meinte. Er bejahte und sagte, er habe gelesen, ein nationalchinesischer General habe eine Kiste mit Knochen, die er nicht geöffnet habe, aus Nordchina mitgebracht. Sie seien wahrscheinlich mit anderen Dingen aus dem chinesischen Festland im Nationalchinesischen Museum gelagert. Die ganze Sache erschien mir durchaus plausibel, da der japanische Offizier erkannt haben mußte, daß die einzige Möglichkeit, in Chingwangtao geplünderte Gegenstände wegzuschaffen, die durch Chinesen gewesen sei. Die einzigen Chinesen aber, die in der Lage waren, die Fossilien zu kaufen, waren natürlich die reicheren, die ihrer politischen Einstellung nach zum größten Teil Nationalisten waren. Da die Knochen des weiteren ursprünglich 1940 (tatsächlich 1941) zuerst dem Militär – der Marineinfanterie – übergeben worden waren, könnten sie logischerweise 1947 wieder dem Militär – der nationalchinesischen Armee – zum Abtransport vom chinesischen Festland ausgehändigt worden sein.

Sie werden sich erinnern, daß die chinesischen Nationalisten außerordentlich gezögert haben, die Schätze auszustellen, die sie vom Festland entfernt hatten, vermutlich aus Furcht, sie

könnten gestohlen werden, da sie sich der Tatsache sehr wohl bewußt waren, daß die chinesischen Kommunisten sie gern zurückholen wollten. Diese protektionistische Einstellung der Nationalchinesen könnte das Geheimnis um den Pekingmenschen sehr wohl erklären.
Ich bin mir sicher, daß die Art der Verpackung eine Zerstörung der Knochen ausschließen würde. Sie müssen noch irgendwo existieren und angesichts meines Gesprächs mit Oberst Weh hege ich die starke Hoffnung, daß sie im nationalchinesischen Museum in gutem Zustand aufgefunden werden.
Wenn das der Fall ist, wird zweifellos beträchtliches internationales Zureden erforderlich sein, um sie der wissenschaftlichen Welt zur Verfügung zu stellen und jede Möglichkeit auszuschließen, sie nach Peking zurückzugeben.
Wie sollen wir uns jetzt verhalten? Könnte Dr. Shapiro die Nationalchinesen überreden, die Knochen für eine Untersuchung mit den neuesten Techniken zur Verfügung zu stellen? Wie bringen wir sie dazu, daß sie uns sagen, ob sie die Knochen tatsächlich besitzen?"

Dieser Brief und ein weiterer, der seinen Vorläufer eingehend erläuterte, hatten natürlich Mr. Janus' Eifer belebt. Er hatte sich entschlossen, nach Taiwan zu reisen und den neuesten Hinweis zu überprüfen. Er berichtete mir das Wesentliche über diese Mitteilungen und bat um meine Hilfe, um den Kontakt mit dem Nationalmuseum für Geschichte in Taiwan herzustellen, dem Institut, das Beeman in seinem Brief das Nationalchinesische Museum nannte.
Meine unmittelbare Reaktion war von starken Zweifeln geprägt. Es war natürlich richtig, daß viele chinesische Schätze nach Taiwan geschickt worden waren, jedoch nicht vor dem Jahr 1947. Wenn die Fossilien bis zu diesem Zeitpunkt wieder aufgefunden worden wären, wäre das sicherlich vielen an der Sache beteiligten chinesischen Gelehrten bekannt geworden, die

in Peking geblieben waren – so Professor Pei, um nur einen zu nennen. Dieses Wissen hätte sich zweifellos über die ganze Welt verbreitet.

Mehr noch: vor einigen Jahren hatte mich Dr. Pao, der damalige Direktor des Museums, um eine Kopie der Abgüsse des Pekingmenschen gebeten, die wir im Amerikanischen Museum für Naturgeschichte besaßen. Er brauchte sie für eine Ausstellung, die er vorbereitete. Ich hatte ihm den Wunsch gern erfüllt. Es wäre doch unwahrscheinlich, daß er diese Bitte an mich gerichtet hätte, wenn das Original des Pekingmenschen in seinem eigenen Museum gelagert gewesen wäre. Aus diesen Gründen äußerte ich Mr. Janus gegenüber meine ernsten Zweifel, stimmte aber zu, für ihn an das Museum zu schreiben.

Zwei Wochen später erhielt ich aus Taiwan eine Postkarte von Mr. Janus, auf der er mir für mein Empfehlungsschreiben dankte und von einem herzlichen Empfang berichtete; wie ich aber schon vermutet hatte, stieß er auf keine Spur, daß der Pekingmensch im Nationalen Museum für Geschichte untergebracht war. Kurze Zeit darauf erhielt ich einen Brief von Dr. Ho Hao-tien, dem gegenwärtigen Direktor des Museums, zusammen mit Zeitungsausschnitten aus der China News und der China Post. Beide Zeitungen brachten Artikel über den Besuch von Mr. Janus und seine Suche nach den Fossilien, sie meldeten auch, daß er seine Belohnung für Nachrichten, die zur Auffindung der Fossilien führten, auf $ 150 000 erhöht habe. Sie berichteten auch von einem weiteren Hinweis, dem Mr. Janus nachging. Dieser Hinweis stammte von einem Amerikaner russischer Abstammung namens Petroff Alexis (Alexis Petroff?), der von 1938 bis 1945 in Shanghai Biologie gelehrt hatte. Angeblich soll er Janus erzählt haben, die Fossilien seien auf einem russischen Schiff nach Jalta auf der Krim gesandt worden. Die Zeitung berichtete weiter, Mr. Janus habe einen Repräsentanten der „Greek Heritage Foundation“ auf die Krim geschickt, um die Behauptung zu überprüfen.

Einer der erstaunlichsten Aspekte der ganzen Angelegenheit ist die Verbreitung, die die Geschichten über das Schicksal der Fossilien gefunden haben. Neben denen, die ich in Einzelheiten wiedergegeben habe, gibt es eine ganze Reihe von Varianten der Versionen, genauso wie eine große Zahl offensichtlicher Phantastereien. Die Presse in Taiwan berichtete, Mr. Janus habe bei seiner Suche nach den Fossilien mit etwa 400 Personen gesprochen und 395 Hinweise erhalten. Weiter hieß es, Janus habe gesagt, daß ihm keiner weitergeholfen habe.

Ein guter Teil davon kann natürlich der Belohnung zugeschrieben werden, die er für die Information ausgesetzt hatte. Leicht verdientes Geld war schon immer eine große Verlokkung. Zweifellos waren viele der Personen, die Mr. Janus schrieben, dadurch beeinflußt worden. Dann gibt es immer eine nicht unbeträchtliche Zahl, die geradezu zwanghaft auf einen solchen Appell antworten, weil ihre Phantasie mit ihnen durchgeht oder sie von der Überzeugung überwältigt sind, sie besäßen ganz besondere Einblicke. Zu dieser Gruppe von Phantasten gehört wohl auch der australische Geschäftsmann, der im April 1976 behauptete, er besäße die Überreste des Pekingmenschen. Sein Angebot, die im Regenwald Tasmaniens von ihm vergrabene Kiste mit den Fossilien gegen die Zahlung von einer Million Dollar herauszurücken, ist mehr von Wichtigtuerei als von Ernsthaftigkeit geprägt. Auch die Publicity, die die Geschichte erhielt, muß zweifellos eine Rolle gespielt haben. Aber selbst wenn man das alles einräumt, ist die Öffentlichkeit viel besser über die Fossilien informiert, als ich das für möglich gehalten hätte; dies gilt auch für das große Bewußtsein der Tragödie ihres Verschwindens oder Verlusts.

Die Varianten und die Unlogik in den Berichten von Leuten, die doch sehr eng mit den Ereignissen in Verbindung standen, sind ebenfalls verblüffend. Natürlich weiß man, daß die Zeit die Vergangenheit verzerren kann. Auch das menschliche Ego kann Streiche spielen.

Gewisse Ereignisse scheinen ganz klar festzustehen. Es scheint wenig Zweifel daran zu geben, daß die Fossilien durch die chinesischen und amerikanischen Beamten des Vereinigten Medizinischen Peking College und des Zänozoischen Forschungslaboratoriums verpackt und für die Verschickung in die Vereinigten Staaten vorbereitet worden sind.

Aufzeichnungen und Zeugen dafür sind überreichlich vorhanden. Es ist auch authentisch festgestellt, daß mindestens zwei Kisten, die diese Relikte enthielten, an das Marinekorps in Peking zum Bahntransport ins Camp Holcomb in Tientsin abgeliefert worden sind, wo sie auf die President Harrison für den Transport in die Vereinigten Staaten warten sollten.

Daß die Kisten Camp Holcomb erreichten, ist ebenfalls durch zuverlässige Quellen bestätigt. Von diesem Zeitpunkt an häufen sich jedoch die sich widersprechenden Berichte. Ich neige dazu, Oberst Ashursts Schlußfolgerungen zu verwerfen, daß die Kisten auf dem Zug in Camp Holcomb beschlagnahmt und von japanischen Soldaten geplündert worden seien. Die Nachrichtenverbindungen zwischen dem Hauptquartier in Peking und dem Kontingent in Camp Holcomb waren praktisch abgeschnitten. Beide standen unter Arrest und hätten keine Nachrichten austauschen können.

Oberst Ashursts Rekonstruktion der Ereignisse andererseits könnte sehr wohl auf Nachrichten basieren, die durch verschiedene Quellen durchsickerten. Ich sehe keinen Grund, Mr. Davis' Bericht anzuzweifeln, daß die Kisten aus dem Zug ausgeladen wurden, noch ehe die Japaner erschienen, und daß er sie in seinem eigenen Zimmer aufstapeln ließ.

Von da an ist alles Sache der eigenen Phantasie und der eigenen Vermutungen. Gibt es beispielsweise irgendwelche Beweise dafür, daß die Kisten, die Dr. Foley erhielt, nicht schon früher geplündert worden waren? Dr. Foley erklärte, er selbst habe sie nie geöffnet und sie hätten einen völlig unbeschädigten Eindruck gemacht.

Was geschah weiter mit der Kiste, die durch drei Kriegsgefangenenlager gehütet wurde? Ist es möglich, daß die Kisten, die in Tientsin gelagert wurden, mit ihrem Inhalt noch vorhanden sind? Kann man die Möglichkeit völlig abtun, daß einer unter den kenntnisreichen Marineinfanteristen die Fossilien barg, die die Japaner, die die Kiste durchstöberten, wegwarfen und so in ihrer Unwissenheit ein Juwel von einem für sie unvorstellbaren Wert aufgaben? Wird die anonyme Dame je wieder auftauchen, so daß ihre „Kriegsbeute" geprüft werden kann? Im Augenblick müssen all diese und zahlreiche ähnliche Fragen unbeantwortet bleiben.

Die Lösung ist nicht leicht. Obwohl sich einige Autoritäten bereits mit dem völligen und unwiederbringlichen Verlust der Fossilien abgefunden haben, erscheint mir diese letzte Möglichkeit irgendwie die vernichtendste von allen zu sein.

Wenn die Fossilien gestohlen oder versteckt worden wären, könnte man weiter hoffen, daß sie irgendwann – irgendwo – irgendwie wieder auftauchen und von neuem den Platz einnehmen könnten, den solche Schätze verdienen. Die Vorstellung jedoch, daß sie in einen Abfallhaufen gefegt wurden, ist genauso entsetzlich und genauso tragisch wie etwa die Nachricht, daß Shakespeares Originalmanuskripte wunderbarerweise entdeckt und dann von einem Stubenmädchen als wertloses Altpapier verbrannt worden seien.

Ich sehe darin ein tragisches Ende und ich bin noch nicht ganz bereit, es hinzunehmen, ehe nicht jeder Hinweis erforscht und überprüft worden ist. Ich möchte doch hoffen, daß eine internationale Gruppe oder ein Komitee, das voll mit den Chinesen zusammenarbeitet, eingesetzt werden könnte, um eine verantwortungsbewußte gründliche Suche durchzuführen.

# Geologische Zeittafel

| GEOLOGISCHE ZEITALTER | GEOLOGISCHE EPOCHEN | EISZEITEN | BEGANN VOR JAHREN |
|---|---|---|---|
| | Holozän (Alluvium) | | 9–12 000 |
| Zänozoikum (Neozoikum, Erdneuzeit) | Pleistozän (Diluvium) | Würm<br>Riss<br>Mindel<br>Günz | 2 Millionen |
| | Pliozän | | 7 Millionen |
| | Miozän | | 24 Millionen |
| | Oligozän | | 37 Millionen |
| | Eozän | | 54 Millionen |
| | Paläozän | | 65 Millionen |
| Mesozoikum (Erdmittelalter) | Kreide | | 136 Millionen |
| | Jura | | 190–195 Millionen |
| | Trias | | 225 Millionen |
| Paläozoikum (Erdaltertum) | Perm | | 280 Millionen |
| | Karbon | | 345 Millionen |
| | Devon | | 395 Millionen |
| | Silur | | 430–440 Millionen |
| | Ordovizium | | 500 Millionen |
| | Kambrium | | 570 Millionen |
| Präkambrium | | | 5 (?) Milliarden |

Eine geologische Datierung in absoluten Jahreszahlen ist immer noch etwas kontrovers. Die obengenannten Zahlen geben eine gegenwärtige konservative Schätzung durch Fachleute wieder.